JN063993

超リーマン予想

ゼータ関数の最終予想

黒川 信重 著

現代数学社

 **はじめに**

　本書は月刊誌『現代数学』2022年4月号〜2023年3月号の連載「超リーマン予想」を纏めたものである．今年はリーマン予想が1859年に発表されてから164年という記念年となっている．何故記念年かと言えば次の積分解をご覧頂けば了解されることと思う

$$164 = 41 \cdot 4\,(良いよ) = 2 \cdot 82.$$

　この数字の並びが左から見ても右から見ても同じという「対称積分解（タイショウセキ・ブンカイ）」（タイショウセキブン・カイとは区別されたい）という見事さを持っている点に注目されたい．本書では，このリーマン予想を突破するための「超リーマン予想」を考察している．その結果については読者の熟読と研究を待ちたい．

　本書を纏める時期に起こった出来事については「あとがき」を参照されたい．

　　2023年5月10日　第五リーマン予想日に

黒川信重

目　次

第1章　　　　　　難問を超える

　　リーマン予想は 1859 年 11 月に 33 歳のリーマンが提出して以来 163 年となる 2022 年になっても未解決の数学最高の難問としてそびえている．人類には解決するのは不可能であろうという悲観的な声も耳にする．

　　リーマン予想は誤解されてきた．それは，リーマン予想を超える予想はないという誤解である．私は『リーマン予想の探求』(2012 年) や『リーマン予想の先へ：深リーマン予想』(2013 年) をはじめとして，「深リーマン予想」というリーマン予想を超える予想があることを言ってきた．その後，小山信也・木村太郎・赤塚広隆の諸氏による論文や本が出版され普及してきたものの，まだ不充分である．

　　リーマン予想は山登りでたとえると五合目 (富士山なら御中道) と考えると良い．さらに，深リーマン予想 (七合目) はパラダイムの変換も指し示している．リーマン予想はゼータ関数の零点・極の実部についての問題だったのであるが，深リーマン予想は (中心) オイラー積の収束という一見すると別種の問題を扱っているのである．

　　本書では，リーマン予想を超える予想「超リーマン予想 (SRH=Super Riemann Hypothesis)」——つまり，リーマン

予想を導く予想——についての考え方を案内する．もちろん，本来のリーマン予想の場合だけでは話が難しすぎるので，やさしくわかるリーマン予想の類似物についても話そう．ゼータ関数ごとにゼータ山があって，それを登って行くのがゼータ関数の研究である．

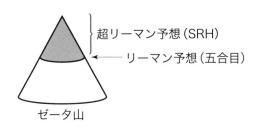

1.1 リーマン予想

超リーマン予想（SRH）に行く前にリーマン予想（RH ＝ Riemann Hypothesis）を確認しておこう．リーマン（1826-1866）が提出したのはリーマンゼータ関数

$$\zeta(s)=\sum_{n=1}^{\infty}n^{-s}=\prod_{p:素数}(1-p^{-s})^{-1}$$

の場合であり

「$\zeta(s)=0$ なる複素数——零点と呼ぶ——は $s=-2,-4,-6,\cdots$ という負の偶数を除けば $s=\dfrac{1}{2}+it$（t は実数）という形をしているであろう」

というものである．

ただし，$\zeta(s)$ の式は s の実部 $\mathrm{Re}(s)$ が 1 より大の場合に使える式であって，すべての複素数 s に拡張するためには

「解析接続」を行う必要がある．そのときに，負の偶数——それらが零点になることはオイラー（1707 - 1783）が発見していた——が "例外" に見えているところを，より自然に解釈する方法をリーマンは提供した．それは，完備リーマンゼータ関数

$$\hat{\zeta}(s) = \zeta(s)\pi^{-\frac{s}{2}}\Gamma\left(\frac{s}{2}\right)$$

を考えるのである（$\pi = 3.14\cdots$ は円周率，Γ はガンマ関数）．すると，リーマン予想は

「$\hat{\zeta}(s)$ の零点はすべて $s = \dfrac{1}{2}+it$（t は実数）という形であろう」

となって，"例外" を取り除くことができる．

さらに，

$$\hat{\zeta}(s) = \frac{\prod_{\rho}\left(1-\dfrac{s}{\rho}\right)}{s(s-1)}$$

と書けることもわかる：ρ は $\hat{\zeta}(s)$ の零点全体を動く．これは，虚部 $\mathrm{Im}(\rho)$ が正のものに限定した

$$\hat{\zeta}(s) = \frac{\prod_{\mathrm{Im}(\rho)>0}\left(1-\dfrac{s(1-s)}{\rho(1-\rho)}\right)}{s(s-1)}$$

ともなる．

また，美しい関数等式

$$\hat{\zeta}(1-s) = \hat{\zeta}(s)$$

も成立する．たとえば，$s = 2$ とすると

$$\hat{\zeta}(-1) = \hat{\zeta}(2)$$

であるが，

$$\hat{\zeta}(-1) = \zeta(-1)\pi^{\frac{1}{2}}\Gamma\left(-\frac{1}{2}\right)$$

$$= \left(-\frac{1}{12}\right)\pi^{\frac{1}{2}}\left(-2\pi^{\frac{1}{2}}\right) = \frac{\pi}{6},$$

$$\hat{\zeta}(2) = \zeta(2)\pi^{-1}\Gamma(2) = \left(\frac{\pi^2}{6}\right)\pi^{-1}(1) = \frac{\pi}{6}$$

となって，合う．ちなみに，この関数等式は，美しさの点では劣るものの数学的には同値な

$$\zeta(1-s) = \zeta(s)2(2\pi)^{-s}\Gamma(s)\cos\left(\frac{\pi s}{2}\right)$$

という形でオイラーが発見していた．たとえば，$s = 2$ とすると

$$\zeta(-1) = -\frac{1}{12},$$

$$\zeta(2)2(2\pi)^{-2}\Gamma(2)\cos(\pi) = \left(\frac{\pi^2}{6}\right)2\left(\frac{1}{4\pi^2}\right)(1)(-1)$$

$$= -\frac{1}{12}$$

となっている．

　ここまで述べてきたリーマン予想はリーマンが 1859 年に提出したものである．その後，現在までにたくさんの（無限個の）「ゼータ関数」が発見され，それらのゼータ関数ごとに「リーマン予想」が予想されている．日本語だと複数か単数かわかりにくいが，基本的にゼータ関数もリーマン予想も深リーマン予想も超リーマン予想もゼータ山も "複数形" と考えていれば間違いがない．

1.2 超リーマン予想

　超リーマン予想とはどう考えたら良いであろうか？　それ

は簡単であり，リーマン予想を導く予想と思えば良い．それではあまりに漠然とし過ぎているという人には「（理想的）超リーマン予想：$\hat{\xi}(s)$ の零点は $s = \dfrac{1}{2} + it$（t は実数）という形をしていて，t もすべて明示できる」をあげておこう．

　そこまで行かなくても，深リーマン予想——オイラー積の超収束——は具体的な超リーマン予想の一つであり，リーマン予想を導く．ちなみに，はじめに「深リーマン予想」と名付けて記録したのは

　　黒川信重『リーマン予想の探求』技術評論社，2012 年

であり（第 6 章「深リーマン予想」95-107 ページ），

　　黒川信重『リーマン予想の先へ：深リーマン予想』東京図書，2013 年

は深リーマン予想の世界で最初の専門書である．

　ところで，リーマン予想が証明されていないのだから超リーマン予想なんて証明できるはずはない，という人に伝えたいことは，それは単に論理上のことであって人間の感性にとっては超リーマン予想の方が納得しやすいこともある，ということである．数学は不思議なもので難しいことの方が（人間にとって）証明しやすいこともある．深リーマン予想ならオイラー積の中心点で数値計算をして行くと成立することを充分に確信できる——したがって，リーマン予想の成立も確信できる——ことも事実である．本来，数学における「予想」の意義は見通しが良くなることであって，難問なら良いというのは見当はずれである．つまり，証明できるのが良い予想である．

1.3 深リーマン予想

超リーマン予想の代表例として深リーマン予想（DRH=Deep Riemann Hypothesis）を具体的な場合に簡単に説明しておこう．詳しくは折りに触れて補充することにしよう．五合目の RH に対して DRH は七合目と考えておこう．

まずは，オイラーが考えたゼータ関数（エル関数とも呼ぶ）

$$L(s) = \sum_{n:\text{奇数}} (-1)^{\frac{n-1}{2}} n^{-s}$$
$$= \prod_{p:\text{奇素数}} (1-(-1)^{\frac{p-1}{2}} p^{-s})^{-1}$$

を扱う．オイラーは $L(1) = \dfrac{\pi}{4}$ や $L(3) = \dfrac{\pi^3}{32}$ を求めていた（本当は，ディリクレ級数とオイラー積では微妙に扱いが違い，それが DRH の一つの起源である）．これは $\bmod 4$ のディリクレ指標 $\chi = \chi_{-4}$ に対するゼータ関数である：

$$L(s) = L(s, \chi) = \sum_n \chi(n) n^{-s}$$
$$= \prod_p (1-\chi(p)p^{-s})^{-1}.$$

このとき，$L(s)$ に対するリーマン予想とは

　「$L(s)$ の零点は負の奇数 $s = -1, -3, -5, \cdots$ を除けば $\mathrm{Re}(s) = \dfrac{1}{2}$ 上にある」

となる（この場合も完備ゼータ関数を作ると――ガンマ関数の形は変わってくる――負の奇数という"例外"を除くことができて，$s \leftrightarrow 1-s$ という対称な関数等式をみたす）．

$L(s)$ に対する深リーマン予想とは

$$\left\lceil \lim_{x\to\infty}\prod_{p\le x}(1-\chi(p)p^{-\frac{1}{2}})^{-1}=L\left(\frac{1}{2}\right)\sqrt{2}\ \text{が成立する}\right\rfloor$$

である．ただし，左辺においては $s=\dfrac{1}{2}$ でのオイラー積を計算していて，右辺においては解析接続した値を意味している．ここに $\sqrt{2}$ が登場するのはとても興味深いことであるが，あとで説明することにしよう．$L(s)$ の深リーマン予想が成立すれば $L(s)$ のリーマン予想が導かれることは証明できる．また，$L(s)$ の深リーマン予想は両辺の数値計算をすると，どちらも $0.94\cdots$ であり，良く一致し，確信できる．よって，$L(s)$ のリーマン予想も確信できるということになる．

　この状況を $L(s)$ の零点（"例外"を除いて無限個存在する）の個別の数値計算によりリーマン予想を確認して行くという従来の方法と比較してみれば，深リーマン予想では関数等式の中心 $s=1/2$ におけるオイラー積だけ見ればよいという簡便さに驚く．

　さらに，$L(s)$ の深リーマン予想を仮定すると"チェビシェフ偏差"と呼ばれるチェビシェフ（1821 - 1894；2021 年はチェビシェフの生誕 200 年であった）が 1853 年に発見・予想した現象も具体的に

$$\lim_{x\to\infty}\frac{\displaystyle\sum_{p\le x}\frac{(-1)^{\frac{p+1}{2}}}{\sqrt{p}}}{\log\log x}=\frac{1}{2}$$

という形で成立することがわかる．つまり，"$p\equiv 3\,\mathrm{mod}\,4$ となる素数 p の方が $p\equiv 1\,\mathrm{mod}\,4$ となる素数 p より多い"というチェビシェフ偏差には $L(s)$ のリーマン予想を仮定しても到達不可能だったのであるが，その困難な壁を深リーマン予

想は突破したのである.

　深リーマン予想の有効性を知るために, もう一つ別のタイプのゼータ関数をあげておこう. これは, ラマヌジャン (1887-1920) が 1916 年に考えたゼータ関数である. それには, $SL(2, \mathbb{Z})$ に関する重さ 12 の保型形式

$$\Delta(z) = \Delta_{12}(z) = e^{2\pi i z} \prod_{n=1}^{\infty} (1 - e^{2\pi i n z})^{24}$$
$$= \sum_{n=1}^{\infty} \tau(n) e^{2\pi i n z} \quad (\mathrm{Im}(z) > 0)$$

をとる. そのゼータ関数 (正規版) は

$$L(s, \Delta) = \prod_{p:\text{素数}} (1 - \tau(p) p^{-\frac{11}{2}-s} + p^{-2s})^{-1}$$
$$= \sum_{n=1}^{\infty} \tau(n) n^{-\frac{11}{2}-s}$$

である. 関数等式は $s \longleftrightarrow 1-s$ となり証明済である. $L(s, \Delta)$ のリーマン予想は零点が (明示できる "例外" $-\frac{11}{2}, -\frac{13}{2}, \cdots$ を除いて) $\mathrm{Re}(s) = 1/2$ 上にすべて乗っているというものであり, もとのリーマン予想と同じく, まったく証明されていない. このとき, $L(s, \Delta)$ の深リーマン予想は中心オイラー積に関して

$$\lim_{x \to \infty} \prod_{p \leq x} (1 - \tau(p) p^{-6} + p^{-1})^{-1} = \frac{L\left(\frac{1}{2}, \Delta\right)}{\sqrt{2}}$$

が成立するという予想 ($L\left(\frac{1}{2}, \Delta\right) > 0$ はわかる) であり, $L(s, \Delta)$ のリーマン予想を導く.

　さらに, $L(s, \Delta)$ の深リーマン予想を仮定すれば "チェビシェフ偏差" を

$$\lim_{x \to \infty} \frac{\displaystyle\sum_{p \leq x} \frac{\tau(p)}{p^6}}{\log\log x} = \frac{1}{2}$$

という形で示すことができる.

この状況は, 重さ $k = 12, 16, 18, 20, 22, 26$ の場合も同様である. とくに, $k = 12, 16, 20$ の場合には $L(s, \Delta_k)$ の深リーマン予想は中心オイラー積に関して

$$\lim_{x \to \infty} \prod_{p \leq x} (1 - \tau_k(p)p^{-k/2} + p^{-1})^{-1} = \frac{L\left(\frac{1}{2}, \Delta_k\right)}{\sqrt{2}}$$

が成立するという予想 ($L\left(\frac{1}{2}, \Delta_k\right) > 0$ は証明できる) であり, $L(s, \Delta_k)$ のリーマン予想およびチェビシェフ偏差

$$\lim_{x \to \infty} \frac{\displaystyle\sum_{p \leq x} \frac{\tau_k(p)}{p^{k/2}}}{\log\log x} = \frac{1}{2}$$

を導く. ただし,

$$\Delta_k = \Delta_{12}E_{k-12} = \sum_{n=1}^{\infty} \tau_k(n)e^{2\pi inz}$$

であり, E_{k-12} は重さ $k-12$ のアイゼンシュタイン級数 (定数項を 1 に正規化したもので, $E_0 = 1$) である. また,

$$L(s, \Delta_k) = \prod_p (1 - \tau_k(p)p^{-\frac{k-1}{2}-s} + p^{-2s})^{-1}$$
$$= \sum_{n=1}^{\infty} \tau_k(n)n^{-\frac{k-1}{2}-s}$$

であり, その関数等式は $s \longleftrightarrow 1-s$ である.

一方, $k = 18, 22, 26$ の場合は Δ_k と $L(s, \Delta_k)$ の構成法は同じであるが, $L\left(\frac{1}{2}, \Delta_k\right) = 0$, $L'\left(\frac{1}{2}, \Delta_k\right) > 0$ となってい

て，深リーマン予想は

$$\lim_{x\to\infty}\frac{\prod_{p\leq x}(1-\tau_k(p)p^{-\frac{l}{2}}+p^{-1})^{-1}}{(\log x)^{-1}}=\frac{L'\left(\frac{1}{2},\Delta_k\right)}{e^\gamma\sqrt{2}}$$

となる．ここで，$\gamma=0.577\cdots$ はオイラー定数である．

このときのチェビシェフ偏差は，深リーマン予想を仮定すると

$$\lim_{x\to\infty}\frac{\sum_{p\leq x}\dfrac{\tau_k(p)}{p^{k/2}}}{\log\log x}=-\frac{1}{2}$$

の形となってきて，$k=12,16,20$ の場合とは符号が異なることが判明する．これは，$s=\dfrac{1}{2}$ における $L(s,\Delta_k)$ の中心零点の位数によって深リーマン予想の形が変わることに対応している．

1.4 行列式表示

超リーマン予想の例として深リーマン予想に触れたが，話が難しくなりすぎるのも困りものなので，ここでは，理想的に超リーマン予想まで完全にわかるやさしいゼータ関数をあげよう．

ゼータ関数の構成法（解析接続法）は大きく分けて「行列表示」と「積分表示」になる．前者の行列表示は，ゼータ関数を適当な行列（無限次を含む）の行列式として表示するものであり，零点は固有値として解釈することができる．合同ゼータ関数（有限体上のスキーム・代数多様体のゼータ関数）とセルバーグゼータ関数（リーマン面やリーマン多様体

のゼータ関数）の場合が代表例であり，リーマン予想が証明できているのは実質的にこの二つの場合のみである．後者の積分表示は $\zeta(s), L(s,\chi), L(s,\Delta_k)$ など古典的な場合がそうであり，適当な保型形式の積分変換としてゼータ関数を表示する．解析接続には便利であるが，零点を解釈するには普通は適していないため，積分表示によってリーマン予想が証明されたことは（あとで解説するような簡単な場合を除いて）実質的にはない．

　まずは行列式表示から話そう．ここでは，話を簡単にするために，ゼータ関数 $Z(s)$ とは

> 関数等式　$Z(1-s) = \pm Z(s)$（$\pm$ はどちらか）

および

> リーマン予想　$Z(s) = 0 \implies \mathrm{Re}(s) = \dfrac{1}{2}$

が期待されるものとしよう．

練習問題 1　n 次の実直交行列 U に対して
$$Z_U(s) = \det(sI_n - (s-1)U)$$
とする．関数等式とリーマン予想を証明せよ．

解答　U の固有値全体（重複度込み）を $\mathrm{Spect}(U)$ と書くと

$$Z_U(s) = \prod_{\alpha \in \mathrm{Spect}(U)} (s - (s-1)\alpha)$$
$$= \prod_{\alpha \neq 1} ((1-\alpha)s + \alpha)$$

であるから $Z_U(s)$ は s の n 次以下の多項式である．さらに，U はユニタリ行列なので α の絶対値は 1 である．

関数等式は

$$Z_U(1-s) = \det((1-s)I + sU)$$
$$= \det((sI - (s-1)U^{-1})U)$$
$$= \det(sI - (s-1)U^{-1})\det(U)$$
$$= Z_{U^{-1}}(s)\det(U)$$

となるが，U が実直交行列（条件は $U^{-1} = {}^t U$）なので

$$Z_{U^{-1}}(s) = Z_{{}^t U}(s) = Z_U(s),$$
$$\det(U)^2 = \det(U {}^t U) = 1$$

より

$$Z_U(1-s) = \pm Z_U(s)$$

と得られる．

リーマン予想は表示

$$Z_U(s) = \prod_{\alpha \in \mathrm{Spect}(U) - \{1\}} ((1-\alpha)s + \alpha)$$

において $Z_U(s) = 0$ とすると

$$s = \frac{\alpha}{\alpha - 1} \quad (\alpha \in \mathrm{Spect}(U) - \{1\})$$

となることがわかるので，

$$\mathrm{Re}(s) = \mathrm{Re}\left(\frac{\alpha}{\alpha - 1}\right) = \frac{1}{2}$$

を証明すればよい．そこで，2 倍したものを見ると

$$2 \cdot \mathrm{Re}\left(\frac{\alpha}{\alpha-1}\right) = \frac{\alpha}{\alpha-1} + \overline{\left(\frac{\alpha}{\alpha-1}\right)}$$

$$= \frac{\alpha}{\alpha-1} + \frac{\bar{\alpha}}{\bar{\alpha}-1}$$

において，$\alpha\bar{\alpha} = 1$ より $\bar{\alpha} = \alpha^{-1}$ となることを使って

$$2 \cdot \mathrm{Re}\left(\frac{\alpha}{\alpha-1}\right) = \frac{\alpha}{\alpha-1} + \frac{\alpha^{-1}}{\alpha^{-1}-1} = \frac{\alpha-1}{\alpha-1} = 1$$

とわかる. 　　　　　　　　　　　　　　　　　　　　　　　(解答終)

　例をやってみよう.

練習問題 2　　次の実直交行列

$$U = \begin{pmatrix} 0 & & & 1 \\ 1 & & 0 & \\ 0 & & 1 & 0 \end{pmatrix}$$

のときに

$$Z_n(s) = Z_U(s) = \det(sI - (s-1)U)$$

の超リーマン予想

$$Z_n(s) = 0$$

$$\iff s = \frac{1}{2} + \frac{i}{2}\cot\left(\frac{k\pi}{n}\right) \quad (k = 1, \cdots, n-1)$$

を証明せよ.

解答　　行列式の展開によって

$$\det(xI - U) = x^n - 1$$

がわかるので

$$Z_n(s) = (s-1)^n \det\left(\frac{s}{s-1}I - U\right)$$
$$= (s-1)^n\left(\left(\frac{s}{s-1}\right)^n - 1\right)$$
$$= s^n - (s-1)^n$$

となる．このことは

$$\mathrm{Spect}(U) = \left\{\cos\left(\frac{2\pi k}{n}\right) + i\sin\left(\frac{2\pi k}{n}\right) \,\middle|\, k = 1, \cdots, n\right\}$$

となることと同じことである．したがって，

$$Z_n(s) = 0 \Longleftrightarrow \frac{s}{s-1} = \cos\left(\frac{2\pi k}{n}\right) + i\sin\left(\frac{2\pi k}{n}\right)$$
$$(k = 1, \cdots, n-1)$$
$$\Longleftrightarrow s = \frac{1}{2} - \frac{i}{2}\cot\left(\frac{k\pi}{n}\right)$$
$$(k = 1, \cdots, n-1)$$

となって（k と $n-k$ をとりかえて）超リーマン予想が証明され
た．ただし，2 倍角の公式を用いた．なお，因数分解表示は

$$Z_n(s) = n\prod_{k=1}^{n-1}\left(s - \left(\frac{1}{2} + \frac{i}{2}\cot\left(\frac{k\pi}{n}\right)\right)\right)$$

となる．　（解答終）

1.5 積分表示

　一般論は後にまわして，具体的な例からはじめよう．（絶
対）保型形式としては適当な関数

$$f : \mathbb{R}_{>0} \longrightarrow \mathbb{R}$$

であって等式（保型性）

$$f\left(\frac{1}{x}\right) = \pm xf(x) \quad (\pm \text{ はどちらか})$$

をみたすもの（"重さ"1）を考えよう．このとき，対応する
ゼータ関数は

$$Z(s,f)=\int_0^\infty f(x)x^{s-1}dx$$

である．

練習問題 3　$1<a<b<c$ に対して

$$f(x)=\begin{cases} \dfrac{1}{\sqrt{x}} & \cdots\ x\in(b,c)\cup\left(\dfrac{1}{c},\dfrac{1}{b}\right)\\[2mm] -\dfrac{1}{\sqrt{x}} & \cdots\ x\in\left(\dfrac{1}{a},a\right)\\[2mm] 0 & \cdots\ その他 \end{cases}$$

とおく．次を示せ．

(1) $f\left(\dfrac{1}{x}\right)=xf(x)$.

(2) $Z(s,f)=\dfrac{(c^{s-\frac{1}{2}}-c^{\frac{1}{2}-s})-(b^{s-\frac{1}{2}}-b^{\frac{1}{2}-s})-(a^{s-\frac{1}{2}}-a^{\frac{1}{2}-s})}{s-\frac{1}{2}}$.

(3) $Z(1-s,f)=Z(s,f)$.

(4) $Z\left(\dfrac{1}{2},f\right)=2\log\left(\dfrac{c}{ab}\right)$.

(5) $Z\left(\dfrac{1}{2},f\right)=0$ のとき，

$$Z(s,f)=0\implies \mathrm{Re}(s)=\dfrac{1}{2}.$$

(6) $Z\left(\dfrac{1}{2},f\right)=0$ のとき，

$$Z(s,f)=0\iff s=\dfrac{1}{2}+i\begin{cases}\dfrac{2\pi m}{\log a}\\[1mm]\dfrac{2\pi m}{\log b}\\[1mm]\dfrac{2\pi m}{\log c}\end{cases}(m\in\mathbb{Z}).$$

解 答

(1) 等 式 $f\left(\dfrac{1}{x}\right)=xf(x)$ は，　$x\in(b,c)\cup\left(\dfrac{1}{c},\dfrac{1}{b}\right)$ および

$x\in\left(\dfrac{1}{a},a\right)$ のときは定義によりすぐわかり，その他のと

きは両辺とも 0 で成立する．

(2) 計算すれば

$$Z(s,f)=\int_{b}^{c}\frac{1}{\sqrt{x}}\,x^{s-1}dx+\int_{\frac{1}{c}}^{\frac{1}{b}}\frac{1}{\sqrt{x}}\,x^{s-1}dx-\int_{\frac{1}{a}}^{a}\frac{1}{\sqrt{x}}\,x^{s-1}dx$$

$$=\left[\frac{x^{s-\frac{1}{2}}}{s-\frac{1}{2}}\right]_{b}^{c}+\left[\frac{x^{s-\frac{1}{2}}}{s-\frac{1}{2}}\right]_{\frac{1}{c}}^{\frac{1}{b}}-\left[\frac{x^{s-\frac{1}{2}}}{s-\frac{1}{2}}\right]_{\frac{1}{a}}^{a}$$

$$=\frac{(c^{s-\frac{1}{2}}-b^{s-\frac{1}{2}})+(b^{\frac{1}{2}-s}-c^{\frac{1}{2}-s})-(a^{s-\frac{1}{2}}-a^{\frac{1}{2}-s})}{s-\frac{1}{2}}$$

$$=\frac{(c^{s-\frac{1}{2}}-c^{\frac{1}{2}-s})-(b^{s-\frac{1}{2}}-b^{\frac{1}{2}-s})-(a^{s-\frac{1}{2}}-a^{\frac{1}{2}-s})}{s-\frac{1}{2}}$$

となる．

(3) 関数等式 $Z(1-s,f)=Z(s,f)$ は (2) の表示から一目で

わかる ($f\left(\dfrac{1}{x}\right)=xf(x)$ からもわかる)．

(4) $s=\dfrac{1}{2}$ の周りでテイラー展開すると

$$c^{s-\frac{1}{2}}-c^{\frac{1}{2}-s}=2(\log c)\left(s-\frac{1}{2}\right)+\frac{(\log c)^{3}}{3}\left(s-\frac{1}{2}\right)^{3}+\cdots$$

などから

$$Z(s,f)=2\log\left(\frac{c}{ab}\right)+\frac{(\log c)^{3}-(\log b)^{3}-(\log a)^{3}}{3}\left(s-\frac{1}{2}\right)^{2}+\cdots$$

となるので

$$Z\left(\frac{1}{2}, f\right) = 2\log\left(\frac{c}{ab}\right).$$

(5) $Z\left(\dfrac{1}{2}, f\right) = 0 \iff ab = c$

である．このときに

$$Z(s, f) = \frac{(1 - a^{\frac{1}{2}-s})(1 - b^{\frac{1}{2}-s})(1 - c^{\frac{1}{2}-s})}{s - \dfrac{1}{2}} \cdot c^{s - \frac{1}{2}}$$

となることが，右辺の分子を展開することによってわかる．したがって，

$$Z(s, f) = 0 \iff a^{\frac{1}{2}-s} = 1 \text{ または}$$

$$b^{\frac{1}{2}-s} = 1 \text{ または } c^{\frac{1}{2}-s} = 1$$

$$\implies \left|a^{\frac{1}{2}-s}\right| = 1 \text{ または}$$

$$\left|b^{\frac{1}{2}-s}\right| = 1 \text{ または } \left|c^{\frac{1}{2}-s}\right| = 1$$

$$\iff a^{\frac{1}{2}-\mathrm{Re}(s)} = 1 \text{ または}$$

$$b^{\frac{1}{2}-\mathrm{Re}(s)} = 1 \text{ または } c^{\frac{1}{2}-\mathrm{Re}(s)} = 1$$

$$\iff \mathrm{Re}(s) = \frac{1}{2}.$$

(6) 上と同様にして，

$$Z(s, f) = 0 \iff a^{\frac{1}{2}-s} = 1 \text{ または}$$

$$b^{\frac{1}{2}-s} = 1 \text{ または } c^{\frac{1}{2}-s} = 1$$

$$\Longleftrightarrow \begin{cases} s = \dfrac{1}{2} + i\,\dfrac{2\pi m}{\log a} \\ \text{または} \\ s = \dfrac{1}{2} + i\,\dfrac{2\pi m}{\log b} \quad (m \in \mathbb{Z}) \\ \text{または} \\ s = \dfrac{1}{2} + i\,\dfrac{2\pi m}{\log c} \end{cases}$$

となる.　　　　　　　　　　　　　　　　　　解答終

　今の場合は，中心零点の存在条件である

$$Z\left(\frac{1}{2}, f\right) = 0 \Longleftrightarrow ab = c$$

$$\Longleftrightarrow \operatorname{ord}_{s=\frac{1}{2}} Z(s, f) = 2$$

を深リーマン予想 DRH と考えれば都合が良い：(5) がリーマン予想 RH,(6) が超リーマン予想 SRH である.
なお,

$$\begin{cases} Z'\left(\dfrac{1}{2}, f\right) = 0, \\ Z''\left(\dfrac{1}{2}, f\right) = \dfrac{2}{3}((\log c)^3 - (\log b)^3 - (\log a)^3) \end{cases}$$

が成立するので,　$ab = c$ のときは

$$Z''\left(\frac{1}{2}, f\right) = 2(\log a)(\log b)(\log c) > 0$$

となっていることに注意しておこう.
　何をどう見るかという "見立て" が重要である.

第2章　　　　　　　リーマンの意図

　　第1章は，超リーマン予想が実際に空でないことを見ていただくために例を中心に話すことにしたのであるが，書き終ってからリーマン予想にはじめて触れる人も沢山いることに気付いた．さらには，リーマン予想という名前を知っていても，いわゆる"リーマン予想"だけを証明すれば，それで済むと誤解している人が少なくない状況なので，本章はリーマンがリーマン予想を提出した 1859 年 11 月の論文提出時に立ち返って，リーマンの意図したところを解説することにしよう．もともと，超リーマン予想がリーマンには必要だったのである．

2.1 リーマンの素数公式

　　リーマンの 1859 年 10 月に投稿された論文「与えられた大きさ以下の素数の個数について」(『ベルリン学士院月報』1859 年 11 月号，671–680 ページ) の目的は，表題からも明らかな通り，$x > 1$ に対して x 以下の素数の個数 $\pi(x)$ に対する明示公式を求めることにあった．

　　ただし，リーマンの意味する $\pi(x)$ は，正確には，x が素

数でないときは素朴な通常の意味の個数であるが，x が素数のときは通常の意味の個数から 0.5 を引いた値とする．たとえば，

$$\pi(1) = 0, \ \pi(1.5) = 0, \quad \pi(2) = 0.5, \ \pi(2.5) = 1,$$
$$\pi(3) = 1.5, \ \pi(3.5) = 2, \ \pi(4) = 2, \quad \pi(4.5) = 2,$$
$$\pi(5) = 2.5, \ \pi(5.5) = 3, \ \pi(6) = 3, \quad \pi(6.5) = 3,$$
$$\pi(7) = 3.5, \ \pi(7.5) = 4, \ \cdots$$

であり，素数のところでは 1 ふえるのではなく 0.5 増加させるのである．関数 $y = \pi(x)$ のグラフは図の通り階段状となる：

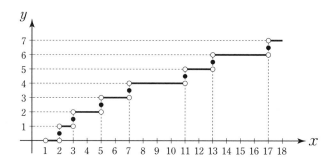

リーマンの得た結論は，$\pi(x)$ の驚くべき明示公式

$$\pi(x) = \sum_{m=1}^{\infty} \frac{\mu(m)}{m} \Big(Li(x^{\frac{1}{m}}) - \sum_{\xi(\rho)=0} Li(x^{\frac{\rho}{m}}) $$
$$+ \int_{x^{\frac{1}{m}}}^{\infty} \frac{du}{(u^2-1)u \log u} - \log 2 \Big)$$

である．

このリーマンの明示公式において，ρ は完備リーマンゼータ関数

$$\hat{\xi}(s) = \zeta(s)\pi^{-\frac{s}{2}}\Gamma\left(\frac{s}{2}\right)$$

の零点全体（つまり，$\zeta(s)$ の虚の零点全体）を動き，

$$Li(x) = \int_0^x \frac{du}{\log u} = \lim_{\varepsilon \downarrow 0}\left(\int_0^{1-\varepsilon} \frac{du}{\log u} + \int_{1+\varepsilon}^x \frac{du}{\log u}\right)$$

は対数積分である．さらに，

$$\mu(m) = \begin{cases} 1 \cdots m\text{は偶数個の相異なる素数の積（または1）} \\ -1 \cdots m\text{は奇数個の相異なる素数の積} \\ 0 \cdots \text{その他} \end{cases}$$

はメビウス関数である．

ちなみに，$Li(x^{\frac{1}{m}})$ の項は $\zeta(s)$ の $s=1$ における 1 位の極から来ていて，

$$\int_{x^{\frac{1}{m}}}^{\infty} \frac{du}{(u^2-1)u\log u} = -\sum_{k=1}^{\infty} Li(x^{\frac{-2k}{m}})$$

の項は $\zeta(s)$ の $s=-2k$ $(k=1,2,3,\cdots)$ における 1 位の零点（つまり，$\zeta(s)$ の実の零点全体）に由来している．

念のために注意しておくと $Li(x^{\frac{\rho}{m}})$ の項は，もちろん $\zeta(s)$ の $s=\rho$ における零点から来ているのであるが，ρ の零点の位数倍にして数えるのである．つまり，ρ の位数を $m(\rho)$ とすると $m(\rho)Li(x^{\frac{\rho}{m}})$ として加えるのである．これらはすべて位数 1 ——つまり $m(\rho)=1$—— と予想されているが，現在でも証明されていない．

結局，リーマンの明示公式により

$$\{\text{素数全体}\} \longleftrightarrow \{\rho \text{の全体}\}$$

が対応しており，$\boxed{\text{素数全体を求めること}}$（つまり，$\pi(x)$ を求めること）は $\boxed{\rho \text{全体を求めること}}$ と同等となることがわかったのである．そこで，残された問題は

$\boxed{\rho\ \text{全体を求めること}}$ であると，リーマンは明確にしたのであった．

なお，いわゆる "素数定理" とは

$$\lim_{x \to \infty} \frac{\pi(x)}{\dfrac{x}{\log x}} = 1$$

を意味していて，それはリーマンの明示公式を用いれば，$\mathrm{Re}(\rho) < 1$ ——つまり $\zeta(s)$ は $\mathrm{Re}(s) \geqq 1$ には零点を持たない —— を示すことに帰着され，1896 年にド・ラ・ヴァレ・プーサン（ベルギー）とアダマール（フランス）によって独立に証明された．

もちろん，リーマンが目指したのは，おおまかな "素数定理" ではなくて，$\pi(x)$ を正確に求めることであった．

2.2　リーマンの残した問題

リーマンは，x 以下の素数の個数 $\pi(x)$ $(x > 1)$ を研究していてリーマンの明示公式を得たのであるが，もちろん，素数とは $\pi(x)$ がジャンプするところに他ならないので，リーマンの問題は素数全体を求めることと同等なのである．

ここで，リーマンが残した問題をより一層具体的にしておこう．$\pi(x)$ の明示公式を見れば，素数全体を求めることが $\zeta(s)$ の虚の零点 ρ 全体を求めることに変換されたことがわかる．すなわち，$\rho = \alpha + i\beta$（α は実部 $\mathrm{Re}(\rho)$，β は虚部 $\mathrm{Im}(\rho)$）と書けば

$$\{(\alpha, \beta) \in \mathbb{R} \times (\mathbb{R} - \{0\}) \mid \zeta(\alpha + i\beta) = 0\}$$

を求めることに帰着したのである．いわゆるリーマン予想と

は「$\alpha = \dfrac{1}{2}$ であろう」という予想である．そこには，β について の言及はない．したがって，リーマンが問題とした素数 全体を求めることを真に解決するには「$\alpha = \dfrac{1}{2}$」というリー マン予想だけでは全く不充分なのであって，リーマン予想を 超える超リーマン予想を解くことが必要不可欠となり，それ が達成された暁には，β 全体も明らかとなるのである．

2.3 リーマンの方法

リーマンは $\pi(x)$ の明示式——つまり，素数公式—— を導 いたのであるが，リーマンの前には誰も想像できない公式で あった．リーマンが素数公式を得た画期的な方法を紹介して おこう．

そのためには，まず，$\zeta(s)$ を解析接続することが必要で ある．リーマンは 2 つの方法で解析接続を与えているが，こ こでは保型形式（テータ関数）を用いた方法を説明する．

テータ関数とは

$$\vartheta(z) = \sum_{m=-\infty}^{\infty} e^{\pi i m^2 z}$$

であり $\mathrm{Im}(z) > 0$ に対して考える．$\vartheta(z)$ は重さ $\dfrac{1}{2}$ の保型形 式であり，変換公式（保型性）

$$\vartheta\left(-\frac{1}{z}\right) = \sqrt{\frac{z}{i}}\, \vartheta(z)$$

をみたしている（フーリエ級数論の「ポアソン和公式」で証 明できる：次節参照）．そこで，$t > 0$ に対して

$$\varphi(t) = \frac{\vartheta(it) - 1}{2} = \sum_{n=1}^{\infty} e^{-\pi n^2 t}$$

とおくと，ϑ の変換公式から

$$2\varphi\left(\frac{1}{t}\right) + 1 = \sqrt{t}\,(2\varphi(t) + 1)$$

つまり

$$\varphi\left(\frac{1}{t}\right) = t^{\frac{1}{2}}\varphi(t) + \frac{1}{2}t^{\frac{1}{2}} - \frac{1}{2}$$

が成立する．

　$\zeta(s)$ および $\hat{\zeta}(s)$ の解析接続はリーマンの積分表示

$$(\text{☆}) \qquad \hat{\zeta}(s) = \int_1^{\infty} \varphi(t)\,(t^{\frac{s}{2}} + t^{\frac{1-s}{2}})\,\frac{dt}{t} - \left(\frac{1}{s} + \frac{1}{1-s}\right)$$

から導かれる．つまり，この積分表示から $\hat{\zeta}(s)$ はすべての複素数 s に対して解析的（有理型関数であり，$s = 1, 0$ における 1 位の極を除いて正則）とわかる．さらに，$s \longleftrightarrow 1-s$ という置き換えに関して不変であり，関数等式

$$\hat{\zeta}(1-s) = \hat{\zeta}(s)$$

もわかる．

　さて，積分表示（☆）を出しておこう．それには，$\mathrm{Re}(s) > 1$ に対する積分表示

$$(\text{☆☆}) \qquad \hat{\zeta}(s) = \int_0^{\infty} \varphi(t)\,t^{\frac{s}{2}}\,\frac{dt}{t}$$

から出発する．この積分表示を見るには，右辺を計算すれば良い．

　実際，

$$\int_0^\infty \varphi(t) t^{\frac{s}{2}-1} dt = \int_0^\infty \left(\sum_{n=1}^\infty e^{-\pi n^2 t} \right) t^{\frac{s}{2}-1} dt$$

$$= \sum_{n=1}^\infty \int_0^\infty e^{-\pi n^2 t} t^{\frac{s}{2}-1} dt$$

として,

$$\int_0^\infty e^{-\pi n^2 t} t^{\frac{s}{2}-1} dt = \Gamma\left(\frac{s}{2}\right) \pi^{-\frac{s}{2}} n^{-s}$$

を用いると

$$\int_0^\infty \varphi(t) t^{\frac{s}{2}-1} dt = \Gamma\left(\frac{s}{2}\right) \pi^{-\frac{s}{2}} \sum_{n=1}^\infty n^{-s}$$

$$= \Gamma\left(\frac{s}{2}\right) \pi^{-\frac{s}{2}} \zeta(s)$$

$$= \hat{\zeta}(s)$$

とわかる. ただし, ガンマ関数 $\Gamma(s)$ の積分表示

$$\Gamma(s) = \int_0^\infty e^{-t} t^{s-1} dt \quad (\mathrm{Re}(s) > 0)$$

から導かれる次の公式 $(a, b > 0, \ \mathrm{Re}(s) > 0)$

$$\int_0^\infty e^{-at} t^{bs-1} dt = \Gamma(bs) a^{-bs}$$

を $a = \pi n^2, \ b = \dfrac{1}{2}$ に対して用いている.

練習問題 1 上の公式を示せ.

解答 $\Gamma(bs) = \displaystyle\int_0^\infty e^{-t} t^{bs} \frac{dt}{t}$

であるから t を at で置き換えると

$$\Gamma(bs) = \int_0^\infty e^{-at} (at)^{bs} \frac{dt}{t}$$

$$= a^{bs} \int_0^\infty e^{-at} t^{bs-1} dt$$

となるので，等式

$$\int_0^\infty e^{-at}\, t^{bs-1}\, dt = \Gamma(bs)\, a^{-bs}$$

が成立する．　　　　　　　　　　　　　　　　　　（解答終）

　次に，積分表示（☆☆）を変形すれば積分表示（☆）に到る：

$$\begin{aligned}
\hat{\xi}(s) &= \int_1^\infty \varphi(t)\, t^{\frac{s}{2}}\, \frac{dt}{t} + \int_0^1 \varphi(t)\, t^{\frac{s}{2}}\, \frac{dt}{t} \\
&= \int_1^\infty \varphi(t)\, t^{\frac{s}{2}}\, \frac{dt}{t} + \int_1^\infty \varphi\Big(\frac{1}{t}\Big)\, t^{-\frac{s}{2}}\, \frac{dt}{t}
\end{aligned}$$

において変換公式

$$\varphi\Big(\frac{1}{t}\Big) = t^{\frac{1}{2}} \varphi(t) + \frac{1}{2}\, t^{\frac{1}{2}} - \frac{1}{2}$$

を用いて

$$\begin{aligned}
\hat{\xi}(s) &= \int_1^\infty \varphi(t)\, t^{\frac{s}{2}}\, \frac{dt}{t} + \int_1^\infty \Big(\varphi(t)\, t^{\frac{1}{2}} + \frac{1}{2}\, t^{\frac{1}{2}} - \frac{1}{2}\Big) t^{-\frac{s}{2}}\, \frac{dt}{t} \\
&= \int_1^\infty \varphi(t)\, (t^{\frac{s}{2}} + t^{\frac{1-s}{2}})\, \frac{dt}{t} + \int_1^\infty \Big(\frac{1}{2}\, t^{-\frac{1}{2}-\frac{s}{2}} - \frac{1}{2}\, t^{-1-\frac{s}{2}}\Big) dt \\
&= \int_1^\infty \varphi(t)\, (t^{\frac{s}{2}} + t^{\frac{1-s}{2}})\, \frac{dt}{t} + \Big[\frac{t^{\frac{1}{2}-\frac{s}{2}}}{1-s} + \frac{t^{-\frac{s}{2}}}{s}\Big]_1^\infty \\
&= \int_1^\infty \varphi(t)\, (t^{\frac{s}{2}} + t^{\frac{1-s}{2}})\, \frac{dt}{t} - \Big(\frac{1}{1-s} + \frac{1}{s}\Big).
\end{aligned}$$

　このように $\hat{\xi}(s)$ の解析接続と関数等式が得られたので，いよいよ $\pi(x)$ の明示公式を示すことができる．そのためには

$$f(x) = \sum_{p^m \leqq x} \frac{1}{m} = \sum_{m=1}^\infty \frac{1}{m}\, \pi(x^{\frac{1}{m}})$$

に対する明示公式

$$(\text{☆☆☆}) \quad f(x) = Li(x) - \sum_{\zeta(\rho)=0} Li(x^\rho)$$
$$+ \int_x^\infty \frac{du}{(u^2-1)u\log u} - \log 2$$

を示す．そうすれば等式

$$f(x) = \sum_{m=1}^\infty \frac{1}{m}\pi(x^{\frac{1}{m}})$$

をメビウス変換した等式

$$\pi(x) = \sum_{m=1}^\infty \frac{\mu(m)}{m} f(x^{\frac{1}{m}})$$

に（☆☆☆）を使うことによって，$\pi(x)$ に対するリーマンの明示公式を得る．

さて，（☆☆☆）の証明の概要は次の通りである．まず，リーマンは積分表示

$$(\text{☆☆☆☆}) \quad \frac{\log \zeta(s)}{s} = \int_1^\infty f(x) x^{s-1} dx \qquad (\mathrm{Re}(s) > 1)$$

に注意する．これは，オイラー積表示

$$\zeta(s) = \prod_{p:\text{素数}} (1 - p^{-s})^{-1}$$

の対数を計算すれば良い：

$$\log \zeta(s) = \sum_{m=1}^\infty \sum_{p:\text{素数}} \frac{1}{m} p^{-ms}$$
$$= \sum_{m=1}^\infty \sum_p s \int_{p^m}^\infty x^{-s-1} dx$$
$$= s \int_1^\infty f(x) x^{-s-1} dx.$$

このようにして得られた（☆☆☆☆）をフーリエ変換して，$a > 1$ に対して

$$(\bigstar\bigstar\bigstar\bigstar\bigstar) \qquad f(x) = \frac{1}{2\pi i}\int_{a-i\infty}^{a+i\infty}\frac{\log\zeta(s)}{s}x^{s}\,ds$$

となる．そこで，$\hat{\zeta}(s)$ の無限積表示（零点と極への分解）

$$\hat{\zeta}(s) = \frac{1}{s(s-1)}\prod_{\mathrm{Im}(\rho)>0}\left(1-\frac{s(1-s)}{\rho(1-\rho)}\right)$$

を用いて

$$\zeta(s) = \frac{1}{\pi^{-\frac{s}{2}}\,\Gamma\!\left(\frac{s}{2}\right)s(s-1)}\prod_{\mathrm{Im}(\rho)>0}\left(1-\frac{s(1-s)}{\rho(1-\rho)}\right)$$

とし，その対数を取ったものを（☆☆☆☆☆）に代入して（☆☆☆）つまり等式

$$f(x) = Li(x) - \sum_{\hat{\zeta}(\rho)=0}Li(x^{\rho})$$
$$+ \int_{x}^{\infty}\frac{du}{(u^{2}-1)u\log u} - \log 2$$

が得られて，結局，

$$\pi(x) = \sum_{m=1}^{\infty}\frac{\mu(m)}{m}f(x^{\frac{1}{m}})$$

の明示公式を得るという段取りである．

練習問題 2　　$\zeta\!\left(\dfrac{1}{2}\right)<0$ を示せ．

解答　積分表示（☆）において $s=\dfrac{1}{2}$ とすると

$$\hat{\xi}\left(\frac{1}{2}\right) = 2\int_1^\infty \varphi(t) t^{-\frac{3}{4}} dt - 4$$

$$< 2\int_1^\infty \varphi(t) dt - 4$$

$$< 2\int_0^\infty \varphi(t) dt - 4$$

$$= \frac{\pi}{3} - 4$$

より $\hat{\xi}\left(\frac{1}{2}\right) < 0$ とわかる．したがって，$\xi\left(\frac{1}{2}\right) < 0$である．ただし，

$$\int_0^\infty \varphi(t) dt = \sum_{n=1}^\infty \int_0^\infty e^{-\pi n^2 t} dt = \sum_{n=1}^\infty \left[-\frac{e^{-\pi n^2 t}}{\pi n^2} \right]_0^\infty$$

$$= \sum_{n=1}^\infty \frac{1}{\pi n^2} = \frac{\pi}{6}$$

を用いた． (解答終)

2.4 ポアソン和公式

ここでは，ポアソン和公式から ϑ の変換公式を出そう．ポアソン和公式とは"適当な関数"

$$f : \mathbb{R} \longrightarrow \mathbb{C}$$

に対して等式

$$\sum_{m \in \mathbb{Z}} f(m) = \sum_{m \in \mathbb{Z}} \hat{f}(m)$$

が成立するというものである．ここで

$$\hat{f}(y) = \int_{\mathbb{R}} f(x) e^{-2\pi i x y} dx$$

は $f(x)$ のフーリエ変換である．"適当な関数"の一般論はフーリエ級数論を参照されたいが，ϑ の変換公式のためには

$$f(x) = e^{-\pi x^2 t} \quad (t > 0)$$

だけで良いので，それを念頭におこう．すると，ポアソン和公式を導くには

$$F(x) = \sum_{m \in \mathbb{Z}} f(x+m)$$

のフーリエ係数を計算すればよい．まず，周期性 $F(x+1) = F(x)$ からフーリエ展開

$$F(x) = \sum_{m \in \mathbb{Z}} c(m) e^{2\pi i m x}$$

ができて，フーリエ係数 $c(m)$ は

$$c(m) = \int_0^1 F(x) e^{-2\pi i m x} dx$$

となる．さらに，

$$
\begin{aligned}
c(m) &= \int_0^1 \Big(\sum_{n \in \mathbb{Z}} f(x+n) \Big) e^{-2\pi i m x} dx \\
&= \int_{-\infty}^{\infty} f(x) e^{-2\pi i m x} dx \\
&= \hat{f}(m)
\end{aligned}
$$

であるから等式

$$F(x) = \sum_{m \in \mathbb{Z}} \hat{f}(m) e^{2\pi i m x}$$

を得る．したがって，

$$F(0) = \sum_{m \in \mathbb{Z}} \hat{f}(m)$$

となる．一方，定義から

$$F(0) = \sum_{m \in \mathbb{Z}} f(m)$$

であったから，等式

$$\sum_{m \in \mathbb{Z}} f(m) = \sum_{m \in \mathbb{Z}} \hat{f}(m)$$

が得られる．

練習問題3 ポアソン和公式から ϑ 変換公式を出せ.

解答 ポアソン和公式において

$$f(x) = e^{-\pi x^2 t} \quad (t > 0)$$

とおく. すると

$$
\begin{aligned}
\hat{f}(y) &= \int_{-\infty}^{\infty} f(x) e^{-2\pi i y x}\, dx \\
&= \int_{-\infty}^{\infty} e^{-\pi x^2 t} e^{-2\pi i y x}\, dx \\
&= \int_{-\infty}^{\infty} e^{-\pi t \left(x + i\frac{y}{t}\right)^2} e^{-\frac{\pi y^2}{t}}\, dx \\
&\stackrel{(*)}{=} \int_{-\infty}^{\infty} e^{-\pi t x^2} e^{-\frac{\pi y^2}{t}}\, dx \\
&\stackrel{(**)}{=} \frac{1}{\sqrt{t}} e^{-\frac{\pi y^2}{t}}
\end{aligned}
$$

となるので, ポアソン和公式

$$\sum_{m=-\infty}^{\infty} f(m) = \sum_{m=-\infty}^{\infty} \hat{f}(m)$$

より ϑ 変換公式 ($z = it$ で示せば充分)

$$\sum_{m=-\infty}^{\infty} e^{-\pi m^2 t} = \frac{1}{\sqrt{t}} \sum_{m=-\infty}^{\infty} e^{-\frac{\pi m^2}{t}} \quad (t > 0)$$

を得る. ただし, (*) では, x の積分路を実軸から実軸に平行な線上にずらしても積分が変化しないことを用いている (留数定理の応用). さらに, (**) では, ガウス積分を使っている:

$$\left(\int_{-\infty}^{\infty} e^{-\pi t x^2} dx\right)^2 = \int_{-\infty}^{\infty}\int_{-\infty}^{\infty} e^{-\pi t(x^2+y^2)} dxdy$$

$$= \int_0^{2\pi}\left(\int_0^{\infty} e^{-\pi t r^2} rdr\right)d\theta$$

$$= 2\pi\left[\frac{e^{-\pi t r^2}}{-2\pi t}\right]_0^{\infty}$$

$$= \frac{1}{t}$$

より

$$\int_{-\infty}^{\infty} e^{-\pi t x^2} dx = \frac{1}{\sqrt{t}}.$$ 　(解答終)

　このポアソン和公式は群の組 (G, Γ) に対して「セルバーグ跡公式 (Selberg trace formula)」として拡張される．ただし，G は局所コンパクト群，Γ はその離散部分群である．上記で扱った場合は $G = \mathbb{R}$，$\Gamma = \mathbb{Z}$ という場合である．セルバーグ跡公式はセルバーグゼータ関数の解析接続と関数等式およびリーマン予想の証明 ——典型的な場合は $G = SL(2, \mathbb{R})$，$\Gamma = SL(2, \mathbb{Z})$ のときである—— に活用されるので是非，詳しく研究されたい．参考書として三つあげておこう：
黒川信重『リーマンと数論』共立出版 (2016 年)，
黒川信重『リーマンの夢』現代数学社 (2017 年)，
黒川信重『リーマン予想の今，そして解決への展望』技術評論社 (2018 年).

2.5 リーマンの研究

　リーマンは，素数全体を求める問題が $\zeta(\rho) = 0$ となる虚

の零点 $\rho = \alpha + i\beta$（α は実部，β は虚部）全体を求める問題と同等であることを証明したのであるが，その先をどの位まで研究していたのかは定かではない．リーマンは 1859 年 10 月（投稿は 10 月 26 日）にリーマン予想の論文を書いた後 7 年弱の 1866 年 7 月 20 日に 39 歳の若さで肺の病気療養中にイタリアのマジョーレ湖西岸で亡くなってしまった．

　有名となったリーマン予想「$\alpha = \dfrac{1}{2}$」は ρ を求めるという真の目標に向けては，ρ の実部の情報だけ（ρ の半分の情報だけ）の話であり，リーマン予想が解決したとしても，ρ の虚部 β についての情報を求めるという重要な問題が残されたままであることは，2.2 節で述べた通りである．

　ちなみに，リーマン予想「$\alpha = \dfrac{1}{2}$」は $\pi(x)$ に関する形に書き直すと

$$\limsup_{x \to \infty} \frac{|\pi(x) - Li(x)|}{x^{\frac{1}{2}} \log x} < \infty$$

と同値であることがコッホ（1901 年）によって証明されている．これは，$\pi(x)$ に対する不等式

$$|\pi(x) - Li(x)| \leqq K x^{\frac{1}{2}} \log x \quad (x \geqq 2)$$

がある定数 $K > 0$ に対して成立することと同じことであり，$\pi(x)$ に関するだいぶおおまかな評価となっていて，"$\pi(x)$ を求める" というリーマンの意図には程遠いものである．

　リーマンのゼータ関数に関する研究は公式に発表されたものは 1859 年 11 月の報告しかないのであるが，ゲッティンゲン大学に埋もれていたリーマンの遺稿や計算メモからジーゲルが解読した成果を 1932 年に報告している．その結果，リーマンの研究が想像を超えて深くまで到達していたことが知

られている．たとえば，いくつかの ρ に関しては $\alpha = \dfrac{1}{2}$ を確認するだけでなく β の数値計算（もちろん，手計算）を行っていて，ρ の虚部 β が正で小さい方から $\rho_1, \rho_2, \rho_3, \cdots$ と名付けたとき

$$\rho_1 = \frac{1}{2} + i \cdot 14.1386 \quad \left[\text{現在は } \frac{1}{2} + i \cdot 14.13472\cdots\right]$$

$$\rho_3 = \frac{1}{2} + i \cdot 25.31$$

と求めていたことが判明した（『リーマンと数論』参照）．リーマンはそのために $\zeta(s)$ の新しい表示を用いていて，それは現在では "リーマン・ジーゲル公式" と呼ばれている．また，リーマンは $\hat{\zeta}(s)$ の零点 ρ の逆数和について

$$\sum_{\rho} \frac{1}{\rho} = 1 + \frac{\gamma}{2} - \frac{\log \pi}{2} - \log 2$$
$$= 0.023095708966121103381$$

と数値計算も含めて行っていた．ただし，$\gamma = 0.577\cdots$ はオイラー定数である．

練習問題 4　$\displaystyle\prod_{\mathrm{Im}(\rho)>0} \left(1 + \frac{2}{\rho(1-\rho)}\right) = \frac{\pi}{3}$ を示せ．

解答　無限積表示

$$\hat{\zeta}(s) = \frac{1}{s(s-1)} \prod_{\mathrm{Im}(\rho)>0} \left(1 - \frac{s(1-s)}{\rho(1-\rho)}\right) \text{ において } s = 2 \text{ とすると}$$

$\hat{\zeta}(2) = \dfrac{\pi}{6}$ よりわかる．　　　　　　　　　　　　（**解答終**）

リーマンの研究を想像すると夢がふくらむ．

第 3 章

零点構造

　ゼータ関数の零点には重要な構造が入っているということを，私は数十年にわたって主張してきた．たとえば，私の著書『零和への道：ζ の十二箇月』（現代数学社，2020 年）は，零点 $s_1, \cdots, s_r$ に対して零点和 $s_1 + \cdots + s_r$ も零点となる構造——黒川テンソル積構造——を解説している．零点構造は超リーマン予想の核心である．

　本章は，簡単に書ける場合——ユニタリ・ゼータ関数——に別のテンソル積構造が入ることを見よう．それは，$Z_{U_j}(s_j) = 0 \ (j = 1, \cdots, r)$ なら $Z_{U_1 \otimes \cdots \otimes U_r}(s_1 \otimes \cdots \otimes s_r) = 0$ となる零点構造——絶対テンソル積構造——である．その話のために重要となるのが K 関数であり，そこからはじめよう．

3.1 K 関数とリーマン線

　複素数 $\theta \in \mathbb{C}$ に対して

$$K(\theta) = \frac{1}{2} - \frac{i}{2} \cot\left(\frac{\theta}{2}\right)$$

と定める.

練習問題 1　次を示せ.

(1)　$K(\theta)=\dfrac{e^{i\theta}}{e^{i\theta}-1}$ であり，$\theta\in\mathbb{C}$ の有理型関数となり，

極はすべて $\theta\in 2\pi\mathbb{Z}$ における留数 $-i$ の 1 位の極である.

(2)　$\theta_1,\theta_2\in\mathbb{C}$ に対して
$$K(\theta_1)=K(\theta_2)\Longleftrightarrow \theta_1\equiv\theta_2 \bmod 2\pi\mathbb{Z}$$
$$(\text{つまり，}\theta_1-\theta_2\in 2\pi\mathbb{Z}).$$

(3)　$K(\mathbb{C})=\{K(\theta)\,|\,\theta\in\mathbb{C}\}$
とおくと
$$K(\mathbb{C})=(\mathbb{C}-\{1,0\})\cup\{\infty\}.$$

(4)　$K(\mathbb{R})=\{K(\theta)\,|\,\theta\in\mathbb{R}\}$
とおくと
$$K(\mathbb{R})=\frac{1}{2}+i(\mathbb{R}\cup\{\pm\infty\}).$$

したがって，通常のリーマン予想は（非自明）零点がすべてリーマン線 $K(\mathbb{R})$ に属するという形になっている.

(5) 加法公式
$$K(\theta_1+\theta_2)=\frac{K(\theta_1)K(\theta_2)}{K(\theta_1)+K(\theta_2)-1}$$
が成立する.

解答

(1)　$\dfrac{e^{i\theta}}{e^{i\theta}-1}=\dfrac{e^{\frac{i\theta}{2}}}{e^{\frac{i\theta}{2}}-e^{-\frac{i\theta}{2}}}=\dfrac{\cos\left(\frac{\theta}{2}\right)+i\sin\left(\frac{\theta}{2}\right)}{2i\sin\left(\frac{\theta}{2}\right)}$

$\qquad\qquad =\dfrac{1}{2}-\dfrac{i}{2}\cot\left(\dfrac{\theta}{2}\right)$

となるので，$K(\theta)$ は $\theta \in \mathbb{C}$ の有理型関数であり，極は $e^{i\theta} = 1$ となる $\theta \in \mathbb{C}$（つまり，$\theta \in 2\pi\mathbb{Z}$）における 1 位の極のみである．さらに，$\theta = 2\pi m$ $(m \in \mathbb{Z})$ における留数は $-i$ である．

(2) 上記の表示から

$$
\begin{aligned}
K(\theta_1) = K(\theta_2) &\Longleftrightarrow \frac{e^{i\theta_1}}{e^{i\theta_1} - 1} = \frac{e^{i\theta_2}}{e^{i\theta_2} - 1} \\
&\Longleftrightarrow \frac{1}{1 - e^{-i\theta_1}} = \frac{1}{1 - e^{-i\theta_2}} \\
&\Longleftrightarrow e^{i\theta_1} = e^{i\theta_2} \\
&\Longleftrightarrow e^{i(\theta_1 - \theta_2)} = 1 \\
&\Longleftrightarrow \theta_1 - \theta_2 \in 2\pi\mathbb{Z}.
\end{aligned}
$$

(3) 　$\{e^{i\theta} \mid \theta \in \mathbb{C}\} = \mathbb{C} - \{0\}$

であるから

$$
K(\mathbb{C}) = \left\{ \frac{e^{i\theta}}{e^{i\theta} - 1} \,\middle|\, \theta \in \mathbb{C} \right\} = (\mathbb{C} - \{0, 1\}) \cup \{\infty\}
$$

は簡単にわかる．

(4) 　$K(\mathbb{R}) = \left\{ \dfrac{1}{2} - \dfrac{i}{2} \cot\!\left(\dfrac{\theta}{2}\right) \,\middle|\, \theta \in \mathbb{R} \right\}$

$$
= \frac{1}{2} + i(\mathbb{R} \cup \{\pm\infty\})
$$

である．

(5) 示すべき等式は

$$
\frac{e^{i(\theta_1 + \theta_2)}}{e^{i(\theta_1 + \theta_2)} - 1} = \frac{\dfrac{e^{i\theta_1}}{e^{i\theta_1} - 1} \cdot \dfrac{e^{i\theta_2}}{e^{i\theta_2} - 1}}{\dfrac{e^{i\theta_1}}{e^{i\theta_1} - 1} + \dfrac{e^{i\theta_2}}{e^{i\theta_2} - 1} - 1}
$$

であり，成立することが容易にわかる．同じことであ

るが，コタンジェント（余接関数）の加法公式を用い
てもわかる． 解答終

　上記の等式（加法公式）

$$K(\theta_1+\theta_2)=\frac{K(\theta_1)K(\theta_2)}{K(\theta_1)+K(\theta_2)-1}$$

に基づいて，$\alpha,\beta\in\mathbb{C}$ の絶対テンソル積 $\alpha\otimes\beta$ を

$$\alpha\otimes\beta=\frac{\alpha\beta}{\alpha+\beta-1}$$

と定める．ただし，$\alpha+\beta\neq1$ のときを考えるものとする．
たとえば，$\alpha\neq0$ のとき $\alpha\otimes1=1\otimes\alpha=1$.
さらに，リーマン線は $\otimes$ で保存される．

練習問題 2

(1) $\alpha_1,\cdots,\alpha_r\in\mathbb{C}$ に対して，$(((\alpha_1\otimes\alpha_2)\otimes\alpha_3)\cdots)\otimes\alpha_r$ は
　　カッコの場所を変更しても同じ値 $\alpha_1\otimes\cdots\otimes\alpha_r$ である
　　ことを示せ．
(2) 整数 $a,b,c>1$ であって，$a\otimes b=c$ をみたすものを無
　　限組あげよ．

解答

(1) 結合法則 $(\alpha\otimes\beta)\otimes\gamma=\alpha\otimes(\beta\otimes\gamma)$

　　を示せばよい（$r=3$ のときにあたる）．計算すれば，

$$(\alpha \otimes \beta) \otimes \gamma = \frac{(\alpha \otimes \beta)\gamma}{(\alpha \otimes \beta) + \gamma - 1}$$

$$= \frac{\dfrac{\alpha\beta}{\alpha+\beta-1}\gamma}{\dfrac{\alpha\beta}{\alpha+\beta-1} + \gamma - 1}$$

$$= \frac{\alpha\beta\gamma}{(\alpha\beta+\beta\gamma+\gamma\alpha)-(\alpha+\beta+\gamma)+1}$$

であり，全く同様に

$$\alpha \otimes (\beta \otimes \gamma) = \frac{\alpha\beta\gamma}{(\alpha\beta+\beta\gamma+\gamma\alpha)-(\alpha+\beta+\gamma)+1}$$

となるので，結合法則が成立する．一般には，この計算を繰り返して，

$$\alpha_1 \otimes \cdots \otimes \alpha_r = \frac{\sigma_r}{\displaystyle\sum_{k=1}^{r}(-1)^{k-1}\sigma_{r-k}}$$

となる．ただし，$\sigma_k = \sigma_k(\alpha_1,\cdots,\alpha_r)$ は $\alpha_1,\cdots,\alpha_r$ の k 次の基本対称式である：

$$(x-\alpha_1)\cdots(x-\alpha_r) = \sum_{k=0}^{r}(-1)^k \sigma_k x^{r-k}.$$

たとえば，

$$\alpha_1 \otimes \alpha_2 = \frac{\sigma_2}{\sigma_1 - \sigma_0};$$
$$\sigma_2 = \alpha_1\alpha_2,\ \sigma_1 = \alpha_1 + \alpha_2,\ \sigma_0 = 1$$

であり

$$\alpha_1 \otimes \alpha_2 \otimes \alpha_3 = \frac{\sigma_3}{\sigma_2 - \sigma_1 + \sigma_0};$$

$$\sigma_3 = \alpha_1\alpha_2\alpha_3,$$
$$\sigma_2 = \alpha_1\alpha_2 + \alpha_2\alpha_3 + \alpha_3\alpha_1,$$
$$\sigma_1 = \alpha_1 + \alpha_2 + \alpha_3,\ \sigma_0 = 1$$

である.

(2)　$a, b, c > 1$ を整数とする. 条件は

$$a \otimes b = c \Longleftrightarrow \frac{ab}{a+b-1} = c$$

$$\Longleftrightarrow ab = ac + bc - c$$

$$\Longleftrightarrow (a-c)(b-c) = c^2 - c$$

となるので, たとえば $c = 2, 3, \cdots$ に対して $a = 2c$, $b = 2c-1$ とすると $a \otimes b = c$ の無限組の解を得る. 同じことであるが, 奇数 $n > 1$ に対して $a = n+1$, $b = n$ とすると

$$a \otimes b = \frac{(n+1)n}{(n+1)+n-1} = \frac{n+1}{2}$$

となるので, 奇数 $n > 1$ に対して $(a, b, c) = \left(n+1, n, \frac{n+1}{2}\right)$ は無限組の解

$$4 \otimes 3 = 2,\ 6 \otimes 5 = 3,\ 8 \otimes 7 = 4,\ 10 \otimes 9 = 5,\ \cdots$$

を与える.　　　　　　　　　　　　　　　　　　　（解答終）

3.2 ユニタリ・ゼータ関数

ユニタリ行列 U に対して

$$Z_U(s) = \det(sI - (s-1)U)$$

と定め, ユニタリ・ゼータ関数と呼ぶ（I は単位行列）. すぐわかる通り, $Z_U(1) = 1$, $Z_U(0) = \det(U)$ である.

第 1 章では, 実直交行列 U という特別な場合を考えた. たとえば, n 次実直交行列

$$U = \begin{pmatrix} 0 & & 1 \\ 1 & & \\ & 1 & 0 \end{pmatrix} \quad (\text{置換 } (1\ 2\ 3 \cdots n)\ \text{の置換行列})$$

のときは

$$Z_U(s) = s^n - (s-1)^n$$

であることを示した．これを $\zeta_n(s)$ と書いて原始ゼータ関数と呼ぶ（現代数学社から 2021 年に出版された私の本『ゼータ進化論』にならって地球生物でなぞらえるなら左右対称性を持つ美しいガラス質の「舟形珪藻」）ことにする．また，

$$\zeta_n(s) = n \prod_{k=1}^{n-1} \left(s - \left(\frac{1}{2} - \frac{i}{2} \cot \left(\frac{k\pi}{n} \right) \right) \right)$$

となることも計算してあった．つまり，

$$\zeta_n(s) = n \prod_{k=1}^{n-1} \left(s - K \left(\frac{2\pi k}{n} \right) \right)$$
$$= n \prod_{k=1}^{n-1} \left(s - K \left(\frac{2\pi}{n} \right)^{\otimes k} \right)$$

である．ただし，

$$K(\theta)^{\otimes k} = \underbrace{K(\theta) \otimes \cdots \otimes K(\theta)}_{k\,\text{個}} = K(k\theta)$$

は k 個の絶対テンソル積である．

練習問題 3 次の場合に $Z_U(s)$ を求めよ．

(1) $U = \begin{pmatrix} O & & 1 \\ & & \\ 1 & & O \end{pmatrix}$.

(2) $U = \begin{pmatrix} \cos\theta & -\sin\theta \\ \sin\theta & \cos\theta \end{pmatrix}$ $(\theta \in \mathbb{R})$.

解答

（1）サイズを n とすると，行列式の展開により

$$Z_U(s) = (2s-1)^{\left[\frac{n}{2}\right]}$$

となる．ちなみに，関数等式は

$$Z_U(1-s) = (-1)^{\left[\frac{n}{2}\right]} Z_U(s),$$

零点は $s = \dfrac{1}{2}$ （位数 $\left[\dfrac{n}{2}\right]$）のみである（$n=1$ のとき
は零点なし）．

（2）
$$\begin{aligned}
Z_U(s) &= \det\begin{pmatrix} s-(s-1)\cos\theta & (s-1)\sin\theta \\ -(s-1)\sin\theta & s-(s-1)\cos\theta \end{pmatrix} \\
&= (s-(s-1)\cos\theta)^2 + (s-1)^2\sin^2\theta \\
&= 4\sin^2\left(\frac{\theta}{2}\right)\left\{ s^2 - s + \frac{1}{4\sin^2\left(\frac{\theta}{2}\right)} \right\} \\
&= 4\sin^2\left(\frac{\theta}{2}\right)\left\{ \left(s-\frac{1}{2}\right)^2 + \left(\frac{1}{2}\cot\left(\frac{\theta}{2}\right)\right)^2 \right\} \\
&= 4\sin^2\left(\frac{\theta}{2}\right)(s-K(\theta))(s-K(-\theta)).
\end{aligned}$$

したがって，零点は $s = K(\pm\theta)$ であり，関数等式は
$Z_U(1-s) = Z_U$ である．　**解答終**

3.3 関数等式

ユニタリ・ゼータ関数の関数等式の一般形を見よう．

練習問題 4 　$Z_U(s)$ の $s \longrightarrow 1-s$ に関する関数等式を示
せ．

解答

$$Z_U(1-s) = \det((1-s)I + sU)$$
$$= \det(U(sI - (s-1)U^{-1}))$$
$$= \det(U) \cdot \det(sI - (s-1)U^{-1})$$
$$= \det(U)Z_{U^{-1}}(s)$$

が関数等式である．とくに，U が実直交行列のときは

$$\det(U) = \pm 1, \ Z_{U^{-1}}(s) = Z_U(s)$$

となるので，関数等式は

$$Z_U(1-s) = \pm Z_U(s)$$

と簡単な形になる． **解答終**

3.4 リーマン予想

$Z_U(s)$ のリーマン予想を見る．

練習問題 5 $\quad Z_U(s) = 0 \Rightarrow \operatorname{Re}(s) = \dfrac{1}{2}$ を示せ．

解答

$Z_U(s) = 0$ とする．まず，$Z_U(1) = 1$ であるから $s \neq 1$ である．すると

$$\det\left(\frac{s}{s-1}I - U\right) = 0$$

より

$\dfrac{s}{s-1}$ は U のある固有値 $\alpha \neq 1$ （U はユニタリ行列なので $|\alpha| = 1$ となる）と等しくなる：

$$\frac{s}{s-1} = \alpha \in \operatorname{Spect}(U) - \{1\}.$$

したがって,

$$\left|\frac{s}{s-1}\right| = |\alpha| = 1$$

より

$$|s-1| = |s|.$$

これは, $\mathrm{Re}(s) = \dfrac{1}{2}$ と同値である. 実際(図形的に見ても良いし),

$$|s-1|^2 = (s-1)(\overline{s}-1) = |s|^2 - 2\,\mathrm{Re}(s) + 1$$

より

$$|s-1| = |s| \ \Leftrightarrow \ 2\,\mathrm{Re}(s) = 1 \ \Leftrightarrow \ \mathrm{Re}(s) = \frac{1}{2}.$$

(解答終)

3.5 超リーマン予想

　$Z_U(s)$ の超リーマン予想(すべての零点の明示)を確認しよう.

練習問題 6　複素数 $s \in \mathbb{C}-\{1\}$ に対して,次は同値であることを示せ.

(1) s は $Z_U(s)$ の零点.

(2) U の固有値 $\alpha \neq 1$ によって $s = \dfrac{\alpha}{\alpha-1}$ と書ける.

(3) U の固有値 $e^{i\theta} \neq 1$ $(\theta \in \mathbb{R})$ によって $s = K(\theta)$ と書ける.

解答

$$Z_U(s)=0 \ \Leftrightarrow \ \det\left(\frac{s}{s-1}I-U\right)=0$$

$$\Leftrightarrow \ U \text{ のある固有値 } \alpha \neq 1 \text{ によって } \frac{s}{s-1}=\alpha \text{ となる}$$

$$\Leftrightarrow \ U \text{ のある固有値 } \alpha \neq 1 \text{ によって } s=\frac{\alpha}{\alpha-1} \text{ となる.}$$

となるので，(1) $\Leftrightarrow$ (2) がわかる．ユニタリ行列の固有値 α は $\alpha=e^{i\theta}$ $(\theta\in\mathbb{R})$ と書けるので，(2) $\Leftrightarrow$ (3) もわかる．

解答終

練習問題 7 複素数 $\alpha\in\mathbb{C}-\{1\}$ に対して，次は同値であることを示せ.

(1) $\mathrm{Re}\left(\dfrac{\alpha}{\alpha-1}\right)=\dfrac{1}{2}$.

(2) $|\alpha|=1$.

解答

(1) $\Leftrightarrow \left|\dfrac{\alpha}{\alpha-1}\right|=\left|\dfrac{\alpha}{\alpha-1}-1\right|$ （練習問題 5 の解答）

$\Leftrightarrow \dfrac{|\alpha|}{|\alpha-1|}=\dfrac{1}{|\alpha-1|}$

$\Leftrightarrow |\alpha|=1$

となって，(1) $\Leftrightarrow$ (2) がわかった.

解答終

3.6 零点構造

ユニタリ・ゼータ関数の零点構造を示そう.

> **練習問題 8** ユニタリ行列 $U_1, \cdots, U_r$ と複素数 $s_1, \cdots, s_r$ に対して
> $$Z_{U_j}(s_j) = 0 \quad (j = 1, \cdots, r)$$
> とする．このとき，
> $$Z_{U_1 \otimes \cdots \otimes U_r}(s_1 \otimes \cdots \otimes s_r) = 0$$
> を示せ．ただし，$U_1 \otimes \cdots \otimes U_r$ はクロネッカーテンソル積である．

解答 まず，$Z_{U_j}(s_j) = 0 \Leftrightarrow s_j = \dfrac{\alpha_j}{\alpha_j - 1}$,

$\alpha_j \in \mathrm{Spect}(U_j) - \{1\}$ であること（練習問題 6）と，クロネッカーテンソル積 $U_1 \otimes U_2$ に対して $U_1 \otimes U_2$ の固有値全体 $\mathrm{Spect}(U_1 \otimes U_2)$ は

$$\mathrm{Spect}(U_1 \otimes U_2) = \{\alpha_1 \alpha_2 \mid \alpha_j \in \mathrm{Spect}(U_j)\}$$

となること，および

$$s_1 \otimes s_2 = \frac{s_1 s_2}{s_1 + s_2 - 1}$$

$$= \frac{\dfrac{\alpha_1}{\alpha_1 - 1} \cdot \dfrac{\alpha_2}{\alpha_2 - 1}}{\dfrac{\alpha_1}{\alpha_1 - 1} + \dfrac{\alpha_2}{\alpha_2 - 1} - 1} = \frac{\alpha_1 \alpha_2}{\alpha_1 \alpha_2 - 1}$$

より

$$Z_{U_1 \otimes U_2}(s_1 \otimes s_2) = 0.$$

あとは，これを $j \geq 3$ に対しても繰り返せばよい．

解答終

クロネッカーテンソル積の固有値の詳細（証明を含む）については

黒川信重『リーマンの夢』現代数学社，2017年

の第9章「ゼータ関数のテンソル積構造」を読まれたい．

　重要なことなので，念のため，簡単に解説しておこう．m次正方行列 $a=(a_{ij})$ と n 次正方行列 B に対して，クロネッカーテンソル積 $A \otimes B$ とは

$$A \otimes B = (a_{ij} B)$$

と定まる mn 次の正方行列のことであり，その固有値全体 $\mathrm{Spect}(A \otimes B)$ は

$$\mathrm{Spect}(A \otimes B)$$
$$= \{\alpha\beta \mid \alpha \in \mathrm{Spect}(A),\ \beta \in \mathrm{Spect}(B)\}$$

となる．$A \otimes B$ の研究は奇しくも，リーマン予想の提出された1859年の前年に出版されていたツェーフス（ヨハン・ゲオルグ・ツェーフス）の論文

　　G.Zehfuss"Ueber eine gewisse Determinante"Zeitschrift
　　für Mathematik und Physik **3**（1858）298-301

に起源をもっている．これは物理学での応用が動機となっている．リーマンも物理学に強い関心を持っていたため，ツェーフスの論文を読んでいたかも知れない．

3.7 ゼータ関数の行列式表示

　前節の $Z_U(s)$ もゼータ関数の行列式表示の一つであるが，《ゼータ関数の研究に行列式表示を用いよう》というスローガンは1914年頃（110年くらい昔）に起こったと記録されている．それは，今日では"ヒルベルト・ポリヤ予想（方

針）"と呼ばれているもので,

《完備リーマンゼータ関数

$$\hat{\zeta}(s) = \zeta(s)\pi^{-\frac{s}{2}}\Gamma\left(\frac{s}{2}\right)$$

に対して

$$\hat{\zeta}(s) = \frac{\det((s-\frac{1}{2})-iA)}{s(s-1)}$$

となるエルミート作用素 A（無限次のエルミート行列）を
求めよう》

という方針である. そのような A が求まれば

$$\hat{\zeta}(s) = 0 \;\Leftrightarrow\; \det\left(\left(s-\frac{1}{2}\right)-iA\right) = 0$$

$$\Leftrightarrow\; \frac{s-\frac{1}{2}}{i} \in \mathrm{Spect}(A)\quad（固有値）$$

$$\Rightarrow\; \frac{s-\frac{1}{2}}{i} \in \mathbb{R}$$

（エルミート作用素の固有値は実数）

$$\Leftrightarrow\; \mathrm{Re}(s) = \frac{1}{2}$$

となって, めでたくリーマン予想が証明されるという流れ
になる. つまり,「ゼータ関数の行列式表示」とは, 実質的
には「零点の固有値解釈」と同じことである.

　ただし, ヒルベルト（Hilbert, ドイツ, 1862–1943）も
ポリヤ（Polya, ハンガリー生まれ, 1887–1985；『いかに
して問題をとくか』などの本でも有名）も"ヒルベルト・
ポリヤ予想"について明確に書いたものがなかったよう
だ. 幸い, ゼータ関数の研究者のオドリツコさん（Odlyzko,
1949 年ポーランド生まれ, ミネソタ大学）が 1981 年 12 月

に当時 94 歳になられていたポリヤ先生に手紙を出して，その頃の様子を尋ねた記録がオドリツコさんのミネソタ大学でのホームページに "Correspondence about the origins of the Hilbert-Polya conjecture"［ヒルベルト - ポリヤ予想の起源についてのやりとり］として置かれていたので一部を再録しておこう．それは，ポリヤ先生の 1982 年 1 月 3 日付(今から 40 年昔)のオドリツコさんへの返信にある：

I spent two years in Göttingen ending around the begin of 1914. I tried to learn analytic number theory from Landau. He asked me one day："You know some physics. Do you know a physical reason that the Riemann hypothesis should be true." This would be the case, I answered, if the non-trivial zeros of ξ-function were so connected with the physical problem that the Riemann hypothesis would be equivalent to the fact that all the eigenvalues of the physical problem are real.

［私は，1914 年はじめまでの 2 年間，ゲッティンゲン大学に滞在していました．ランダウ教授の下で解析数論の手ほどきを受けていたのです．ある日，教授から「君は物理学を知っているようだが，リーマン予想が何故正しいのかの物理学的理由を知っているかい？」と聞かれました．それで,「もし,ξ 関数の（非自明）零点がある物理学的（固有値）問題に結びついていて，しかも，リーマン予想がその物理学的（固有値）問題の固有値はすべて実数である，ということと同値になっていれば,その通りです」と答えました.］

［注］ここには，1914 年当時にゲッティンゲン大学教授だったランダウ（Edmund Landau, 1877–1938, ゼータ関数の著名な研究者）しか出てこないが，ヒルベルトはゲッティンゲン大学の超有名な教授であって（高木貞治は 20 世紀はじめにヒルベルトのところに留学して「クロネッカー

青春の夢」に関する研究を行った），しかも，数学のみなら
ず物理学にも明るかった．とくに，物理学的な固有値問題
を率先して研究していた（「固有値」という用語を最初に使
った人である）．なお，"物理学的な固有値問題"では行列
A はハミルトニアン H と考えておけば良い．普通は，H
の固有値は実数で"エネルギー"となる．また，ξ-関数
とは

$$\xi(t) = \hat{\xi}\left(\frac{1}{2} + it\right)\left(t^2 + \frac{1}{4}\right)$$

という正則関数を指し，関数等式は $\xi(-t) = \xi(t)$ となり，
リーマン予想は「$\xi(t)$ の零点はすべて実数」という主張と
なる．ヒルベルト・ポリヤの方針は，セルバーグゼータ関
数や合同ゼータ関数では実質的に実現されている．

3.8 零和構造

　現代数学社から出版された私の本『零和への道』(2020年)
や『リーマンの夢』(2017年) に解説されている零和構造
についても言及しておこう．それは，簡単に言うと，ゼー
タ関数 $Z_j(s)$ $(j = 1, \cdots, r)$ と零点 $Z_j(s_j) = 0$ が与えられた
とき，零点和 $s_1 + \cdots + s_r$ が黒川テンソル積

$$Z(s) = (Z_1 \otimes \cdots \otimes Z_r)(s)$$

の零点になる，つまり $Z(s_1 + \cdots + s_r) = 0$，という構造であ
る．$Z_1(s), \cdots, Z_r(s)$ が多項式ならば技術的な困難はない
ので，そのときを話そう．一般的な場合はマニン先生のす
ばらしい講義録を読まれたい：

Yu. I. Manin"Lectures on zeta functions and motives
(according to Deninger and Kurokawa)"［ゼータ関
数とモチーフ講義（デニンガーと黒川にちなんで）］
Astérisque **228**（1995）121-163.

ちなみに，「黒川テンソル積（Kurokawa tensor product）」
という名付はマニンさんのこの講義録で行われた．
　さらに話を簡明にするために，

$$Z_j(s) = \det(sI - A_j) \ (j = 1, 2),$$

$$A_j \text{ は正方行列}$$

という場合を考える．このとき，

$$Z(s) = (Z_1 \otimes Z_2)(s) = \det(sI - (A_1 \☆ A_2))$$

とすれば良い．ここで，$A_1 \☆ A_2$ はクロネッカーテンソ
ル和である．その定義は，A_j を n_j 次の正方行列としたと
き，$n_1 n_2$ 次の正方行列

$$A_1 \☆ A_2 = A_1 \otimes I_{n_2} + I_{n_1} \otimes A_2$$

である．ただし，I_n は n 次の単位行列とする．
　零和構造が成立していることは

$$Z_1(s) = \det(sI - A_1) = \prod_\alpha (s - \alpha),$$

$$Z_2(s) = \det(sI - A_2) = \prod_\beta (s - \beta)$$

としたとき──つまり，α は A_1 の固有値を動き β は A_2 の
固有値を動く──

$$\det(sI - (A_1 \☆ A_2)) = \prod_{\alpha, \beta} (s - (\alpha + \beta))$$

となる，と美しい性質を持っていることからわかる．その
証明は上記の本を見られたい．必要な知識は『線形代数』
の「上三角化」の項目までで充分である．なお，クロネッ

カーテンソル積 $A_1 \otimes A_2$ の場合には

$$\det(sI-(A_1 \otimes A_2)) = \prod_{\alpha, \beta}(s-\alpha\beta)$$

となっている.

練習問題 9　$A = \begin{pmatrix} 0 & 1 \\ -1 & 0 \end{pmatrix}$ のとき
$$Z(s) = \det(sI_2 - A)$$
および
$$Z^{\otimes 2}(s) = \det(sI_4 - (A \bigstar A))$$
の零点を求めよ.

解答　$A \bigstar A = \begin{pmatrix} 0 & 1 & 1 & 0 \\ -1 & 0 & 0 & 1 \\ -1 & 0 & 0 & 1 \\ 0 & -1 & -1 & 0 \end{pmatrix}$ であり, 容易な計算

によって

$$Z(s) = s^2 + 1 = (s-i)(s+i),$$
$$Z^{\otimes 2}(s) = s^4 + 4s^2 = s^2(s^2+4)$$
$$= s^2(s-2i)(s+2i)$$

となる. したがって, $Z(s)$ の零点は $\{i, -i\}$, $Z^{\otimes 2}(s)$ の零点は $\{0, 0, 2i, -2i\}$ である ($s=0$ は 2 位の零点).　**解答終**

この場合のリーマン予想は「零点はすべて $\operatorname{Re}(s) = 0$ 上に乗っている」というもので, 成立している. 同様にして,
$$Z^{\otimes 3}(s) = \det(sI_8 - (A \bigstar A \bigstar A)) = (s^2+1)^3(s^2+9)$$
となり, 零点は $\{i, i, i, -i, -i, -i, 3i, -3i\}$ となることなどもわかる.

ゼータ関数論は, ゼータ関数の具体的計算が面白くてたまらないところである.

第4章　べき乗計算

零点のテンソル積構造を考えるために，前章は複素数の絶対テンソル積 $s_1 \otimes \cdots \otimes s_n$ を導入した．本章では計算を楽しむためにべき乗 $s^{\otimes n} = s \otimes \cdots \otimes s$（$n$ 個の s の積）を調べよう．とくに，$s^n / s^{\otimes n}$ は良いゼータ関数（原始ゼータ関数）であることに注目する．さらに，$s^{\otimes n}$ を用いて，面白いゼータ関数をたくさん作ってみよう．ゼータ関数論の中心問題は良いゼータ関数をたくさん発見することである．それは，"数学研究法"へのヒントも与えてくれる．練習問題をどんどんやってみよう．

4.1 べき乗計算

複素数 a, b に対して，その絶対テンソル積 $a \otimes b$ は

$$a \otimes b = \frac{ab}{a+b-1}$$

であった．続けて

$$a \otimes b \otimes c = (a \otimes b) \otimes c$$
$$= \frac{abc}{(ab+bc+ca)-(a+b+c)+1}$$

や
$$a^{\otimes n} = \underbrace{a \otimes \cdots \otimes a}_{n\text{個}} \quad (n \text{個の } a \text{ のテンソル積})$$
も同様である.

練習問題 1　$2^{\otimes n}$ を求めよ.

解答　$n = 1, 2, 3$ で計算してみると

$$2^{\otimes 1} = 2 = \frac{2}{2-1},$$

$$2^{\otimes 2} = 2 \otimes 2 = \frac{2 \cdot 2}{2+2-1} = \frac{4}{3} = \frac{4}{4-1},$$

$$2^{\otimes 3} = (2 \otimes 2) \otimes 2 = \frac{2^{\otimes 2} \cdot 2}{2^{\otimes 2} + 2 - 1}$$

$$= \frac{\frac{4}{3} \cdot 2}{\frac{4}{3} + 2 - 1} = \frac{8}{7} = \frac{8}{8-1}$$

となるので

$$2^{\otimes n} = \frac{2^n}{2^n - 1}$$

と推測される. これは, n についての数学的帰納法によって正しいことがわかる. 実際, $n = 1$ のときは両辺とも 2 で成立し, n のときに成立を仮定すると $n+1$ のときは

$$2^{\otimes(n+1)} = (2^{\otimes n}) \otimes 2$$

$$= \frac{(2^{\otimes n}) \cdot 2}{2^{\otimes n} + 2 - 1}$$

$$= \frac{\frac{2^n}{2^n - 1} \cdot 2}{\frac{2^n}{2^n - 1} + 2 - 1}$$

$$= \frac{2^{n+1}}{2^{n+1} - 1}$$

となり成立する. したがって, すべての $n \geqq 1$ に対して成立することがわかる.

解答終

4.2 一般式

$2^{\otimes n}$ が簡単な形になったことに勇気付けられて，$3^{\otimes n}$ や $4^{\otimes n}$ をやってみると

$$3^{\otimes n} = \frac{3^n}{3^n - 2^n}, \quad 4^{\otimes n} = \frac{4^n}{4^n - 3^n}$$

となることがわかる（練習問題 1 と解答にならってやってみてほしい）．そこで，一般式を求めてみよう．

練習問題 2　　次を示せ.

(1)　$s^{\otimes n} = \dfrac{s^n}{s^n - (s-1)^n} = \dfrac{s^n}{\zeta_n(s)}$.

　　ただし $\zeta_n(s) = s^n - (s-1)^n$ は原始ゼータ関数.

(2)　$\zeta_n(s) = \dfrac{s^n}{s^{\otimes n}}$.

解答

(1) n についての帰納法で示す.

　　　$n = 1$ のときは　　　$s^{\otimes 1} = s = s^1$

　　で成立. n のときに成立を仮定すると $n+1$ のときは

$$\begin{aligned}
s^{\otimes(n+1)} &= (s^{\otimes n}) \otimes s \\
&= \frac{(s^{\otimes n})s}{s^{\otimes n} + s - 1} \\
&= \frac{\frac{s^n}{s^n - (s-1)^n} s}{\frac{s^n}{s^n - (s-1)^n} + s - 1} \\
&= \frac{s^{n+1}}{s^n + (s-1)(s^n - (s-1)^n)} \\
&= \frac{s^{n+1}}{(s-1)s^n + s^n - (s-1)^{n+1}} \\
&= \frac{s^{n+1}}{s^{n+1} - (s-1)^{n+1}}
\end{aligned}$$

となり成立. よって, (1) がわかる.

(2) $\zeta_n(s) = s^n - (s-1)^n$ であったから (1) の等式

$$s^{\otimes n} = \frac{s^n}{s^n - (s-1)^n}$$

は

$$\zeta_n(s) = \frac{s^n}{s^{\otimes n}}$$

に他ならない. 　　　　　　　　　　　　　　　　**解答終**

例　$2^{\otimes n} = \dfrac{2^n}{2^n - 1}$,

$3^{\otimes n} = \dfrac{3^n}{3^n - 2^n}$,

$4^{\otimes n} = \dfrac{4^n}{4^n - 3^n}$,

$(-1)^{\otimes n} = \dfrac{(-1)^n}{(-1)^n - (-2)^n} = \dfrac{1}{1 - 2^n}$,

$(-2)^{\otimes n} = \dfrac{(-2)^n}{(-2)^n - (-3)^n} = \dfrac{2^n}{2^n - 3^n}$,

$(-3)^{\otimes n} = \dfrac{(-3)^n}{(-3)^n - (-4)^n} = \dfrac{3^n}{3^n - 4^n}$.

練習問題 3　　次を示せ.

(1)　$s^{\otimes n} = 0 \Longleftrightarrow s = 0$.

(2)　$s^{\otimes n} = 1 \Longleftrightarrow s = 1$.

(3)　[リーマン予想]　$s^{\otimes n} = \infty \Longrightarrow \mathrm{Re}(s) = \dfrac{1}{2}$.

解答　練習問題 2 より

$$s^{\otimes n} = \frac{s^n}{s^n - (s-1)^n}$$

であるから,

(1) $s^{\otimes n} = 0 \Longleftrightarrow s^n = 0 \Longleftrightarrow s = 0.$

(2) $s^{\otimes n} = 1 \Longleftrightarrow (s-1)^n = 0 \Longleftrightarrow s = 1$

(3) $s^{\otimes n} = \infty \Longleftrightarrow s^n - (s-1)^n = 0$

$$\Longleftrightarrow \zeta_n(s) = 0 \Longrightarrow \mathrm{Re}(s) = \frac{1}{2}. \qquad \text{解答終}$$

4.3 別方法

前節では $s^{\otimes n}$ に限定した方法を使ったが,より一般的な方法を用いることもできる.

練習問題 4　次を示せ.

(1) $s_1 \otimes \cdots \otimes s_n = \dfrac{s_1 \cdots s_n}{s_1 \cdots s_n - (s_1-1) \cdots (s_n-1)}.$

(2) $s^{\otimes n} = \dfrac{s^n}{s^n - (s-1)^n}.$

(3) $s^{\otimes n} + (1-s)^{\otimes n} = 1.$

(4) $s_1 \otimes \cdots \otimes s_n + (1-s_1) \otimes \cdots \otimes (1-s_n) = 1.$

(5) $s_1 \otimes \cdots \otimes s_n = 0 \Longleftrightarrow s_1, \cdots, s_n$ のどれかは 0.

(6) $s_1 \otimes \cdots \otimes s_n = 1 \Longleftrightarrow s_1, \cdots, s_n$ のどれかは 1.

(7) $s_1 \otimes \cdots \otimes s_n = \infty \Longleftrightarrow s_1 \cdots s_n = (s_1-1) \cdots (s_n-1).$

解答

(1) $s_1 \otimes \cdots \otimes s_n = \dfrac{\sigma_n}{\displaystyle\sum_{k=1}^{n} (-1)^{k-1} \sigma_{n-k}}$ という式を使う(前章の

3.1 節・練習問題 2 の解答).ここで,$\sigma_k = \sigma_k(s_1, \cdots, s_n)$

は $s_1, \cdots, s_n$ の k 次の基本対称式：

$$(x-s_1)\cdots(x-s_n) = \sum_{k=0}^{n} (-1)^k \sigma_k x^{n-k}.$$

とくに，$x = 1$ とおくと

$$
\begin{aligned}
(s_1-1)\cdots(s_n-1) &= (-1)^n \sum_{k=0}^{n} (-1)^k \sigma_k \\
&= \sum_{k=0}^{n} (-1)^{n-k} \sigma_k \\
&= \sum_{k=0}^{n} (-1)^k \sigma_{n-k}
\end{aligned}
$$

である．したがって

$$
\begin{aligned}
s_1 \otimes \cdots \otimes s_n &= \frac{s_1 \cdots s_n}{\displaystyle\sum_{k=1}^{n} (-1)^{k-1} \sigma_{n-k}} \\
&= \frac{s_1 \cdots s_n}{s_1 \cdots s_n - \displaystyle\sum_{k=0}^{n} (-1)^k \sigma_{n-k}} \\
&= \frac{s_1 \cdots s_n}{s_1 \cdots s_n - (s_1-1)\cdots(s_n-1)}.
\end{aligned}
$$

(2) $s_1 = \cdots = s_n = s$ を (1) に代入すればよい．

(3) $s^{\otimes n} = \dfrac{s^n}{s^n - (s-1)^n}$,

$$
\begin{aligned}
(1-s)^{\otimes n} &= \frac{(1-s)^n}{(1-s)^n - (-s)^n} \\
&= \frac{(s-1)^n}{(s-1)^n - s^n} \\
&= -\frac{(s-1)^n}{s^n - (s-1)^n}
\end{aligned}
$$

より

$$s^{\otimes n} + (1-s)^{\otimes n} = \frac{s^n - (s-1)^n}{s^n - (s-1)^n} = 1.$$

(4) $s_1 \otimes \cdots \otimes s_n = \dfrac{s_1 \cdots s_n}{s_1 \cdots s_n - (s_1 - 1) \cdots (s_n - 1)}$,

$$(1-s_1) \otimes \cdots \otimes (1-s_n) = \frac{(1-s_1) \cdots (1-s_n)}{(1-s_1) \cdots (1-s_n) - (-s_1) \cdots (-s_n)}$$

$$= \frac{(s_1 - 1) \cdots (s_n - 1)}{(s_1 - 1) \cdots (s_n - 1) - s_1 \cdots s_n}$$

$$= -\frac{(s_1 - 1) \cdots (s_n - 1)}{s_1 \cdots s_n - (s_1 - 1) \cdots (s_n - 1)}$$

より

$$s_1 \otimes \cdots \otimes s_n + (1-s_1) \otimes \cdots \otimes (1-s_n) = 1.$$

(5) $s_1 \otimes \cdots \otimes s_n = 0 \Longleftrightarrow s_1 \cdots s_n = 0$

$\Longleftrightarrow s_1, \cdots, s_n$ のどれかは 0.

(6) $s_1 \otimes \cdots \otimes s_n = 1 \Longleftrightarrow (s_1 - 1) \cdots (s_n - 1) = 0$

$\Longleftrightarrow s_1, \cdots, s_n$ のどれかは 1.

(7) $s_1 \otimes \cdots \otimes s_n = \infty$

$\Longleftrightarrow s_1 \cdots s_n - (s_1 - 1) \cdots (s_n - 1) = 0$

$\Longleftrightarrow s_1 \cdots s_n = (s_1 - 1) \cdots (s_n - 1).$　　解答終

練習問題 5　等式

$$s_1 \otimes \cdots \otimes s_n = \frac{s_1 \cdots s_n}{s_1 \cdots s_n - (s_1 - 1) \cdots (s_n - 1)}$$

を n についての数学的帰納法で示せ.

解答　　$n = 1$ のときは $s_1 = s_1$ で成立する. n のときに成立を仮定すれば $n+1$ のときは

$$s_1 \otimes \cdots \otimes s_{n+1}$$

$$= (s_1 \otimes \cdots \otimes s_n) \otimes s_{n+1}$$

$$= \frac{(s_1 \otimes \cdots \otimes s_n) s_{n+1}}{(s_1 \otimes \cdots \otimes s_n) + s_{n+1} - 1}$$

$$= \frac{\frac{s_1 \cdots s_n}{s_1 \cdots s_n - (s_1 - 1) \cdots (s_n - 1)} s_{n+1}}{\frac{s_1 \cdots s_n}{s_1 \cdots s_n - (s_1 - 1) \cdots (s_n - 1)} + s_{n+1} - 1}$$

$$= \frac{s_1 \cdots s_{n+1}}{s_1 \cdots s_n + (s_{n+1} - 1) s_1 \cdots s_n - (s_1 - 1) \cdots (s_n - 1)(s_{n+1} - 1)}$$

$$= \frac{s_1 \cdots s_{n+1}}{s_1 \cdots s_{n+1} - (s_1 - 1) \cdots (s_{n+1} - 1)}$$

となり成立することがわかる．よって，すべての $n \geqq 1$ で成立する． 解答終

4.4 べき乗ゼータ関数

ゼータ関数 $Z(s)$ とは

$$\begin{cases} [関数等式] & Z(1-s) = \pm Z(s) \\ [リーマン予想] & Z(s) = 0, \infty \Longrightarrow \mathrm{Re}(s) = \dfrac{1}{2} \end{cases}$$

をみたすもの（"そうなることが期待される有理型関数"）と考えておこう．そのような例をべき乗 $s^{\otimes n}$ からいろいろ作ってみよう．まずは簡単な例からスタートする．

練習問題 6　$m, n \geqq 1$ に対して

$$Z_{m,n}(s) = s^{\otimes m} + s^{\otimes n} - 1$$

は関数等式とリーマン予想をみたすことを示せ．

解答　基本となる表示

$$Z_{m,n}(s) = \frac{\zeta_{m+n}(s)}{\zeta_m(s)\,\zeta_n(s)}$$

を示そう．それは，

$$Z_{m,n}(s) = \frac{s^m}{s^m - (s-1)^m} + \frac{s^n}{s^n - (s-1)^n} - 1$$

$$= \frac{s^{m+n} - (s-1)^{m+n}}{(s^m - (s-1)^m)(s^n - (s-1)^n)}$$

$$= \frac{\zeta_{m+n}(s)}{\zeta_m(s)\,\zeta_n(s)}$$

という直接計算でわかる．

すると，$\zeta_n(s)$ に対して関数等式

$$\zeta_n(1-s) = (-1)^{n-1}\zeta_n(s)$$

とリーマン予想

$$\zeta_n(s) = 0 \implies \mathrm{Re}(s) = \frac{1}{2}$$

が成立することを用いると，$Z_{m,n}(s)$ に関して

$$Z_{m,n}(1-s) = \frac{\zeta_{m+n}(1-s)}{\zeta_m(1-s)\,\zeta_n(1-s)}$$

$$= \frac{(-1)^{m+n-1}\zeta_{m+n}(s)}{(-1)^{m-1}\zeta_m(s)\cdot(-1)^{n-1}\zeta_n(s)}$$

$$= -\frac{\zeta_{m+n}(s)}{\zeta_m(s)\,\zeta_n(s)}$$

$$= -Z_{m,n}(s)$$

という関数等式とリーマン予想

$$Z_{m,n}(s) = 0,\infty \implies \mathrm{Re}(s) = \frac{1}{2}$$

がわかる．超リーマン予想（零点・極の明示）も成立する．

（解答終）

練習問題7
$$Z(s) = s^{\otimes m} + s^{\otimes n}$$
はゼータ関数としての関数等式もリーマン予想もみたさないことを示せ.

解答　$Z(s) = Z_{m,n}(s) + 1$

であるから
$$Z(1-s) = Z_{m,n}(1-s) + 1$$
$$= -Z_{m,n}(s) + 1$$
$$= -(Z(s) - 1) + 1$$
$$= -Z(s) + 2$$

となり, 関数等式 $(Z(1-s) = \pm Z(s))$ は不成立であり, $Z(0) = 0$ なのでリーマン予想 $\left(Z(s) = 0, \infty \Longrightarrow \mathrm{Re}(s) = \dfrac{1}{2} \right)$ も不成立である.　　**解答終**

4.5 拡張問題

　練習問題6を拡張して, たとえば $Z_{\ell,m,n}(s)$ を構成して関数等式やリーマン予想が成立するようにはどうすれば良いであろうか? 数学研究とは問題の作成が中心であるから, ぜひともこれは考えてみてほしい問題である. ところで,『数学問題の解き方』はしばしば目にするものの,『数学問題の作り方』はほとんど耳にしないのは何故なのだろうか? 困ったものである.

　さて, ヒントとしては
$$Z_{\ell,m,n}(s) = (s^{\otimes \ell} s^{\otimes m} + s^{\otimes m} s^{\otimes n} + s^{\otimes n} s^{\otimes \ell})$$
$$- (s^{\otimes \ell} + s^{\otimes m} + s^{\otimes n}) + 1$$

をあげておこう．具体的に書くと，

$$Z_{\ell,m,n}(s) = \left(\frac{s^\ell}{s^\ell - (s-1)^\ell} \cdot \frac{s^m}{s^m - (s-1)^m} \right.$$

$$+ \frac{s^m}{s^m - (s-1)^m} \cdot \frac{s^n}{s^n - (s-1)^n}$$

$$\left. + \frac{s^n}{s^n - (s-1)^n} \cdot \frac{s^\ell}{s^\ell - (s-1)^\ell} \right)$$

$$- \left(\frac{s^\ell}{s^\ell - (s-1)^\ell} + \frac{s^m}{s^m - (s-1)^m} + \frac{s^n}{s^n - (s-1)^n} \right) + 1$$

の関数等式

$$Z_{\ell,m,n}(1-s) = Z_{\ell,m,n}(s)$$

とリーマン予想

$$Z_{\ell,m,n}(s) = 0, \infty \implies \mathrm{Re}(s) = \frac{1}{2}$$

を示してみてほしい（直接計算できる？）．

4.6 一般形

　前節の問題の計算は，ヒントであげた $Z_{\ell,m,n}(s)$ の場合だけでも，たぶん，練習問題 6 の $Z_{m,n}(s)$ の場合と異なって，かなり複雑なことになってしまった（2 と 3 ではだいぶ違うことは数学研究ではしばしば起こる）ことと思われるが，結果は美しく

$$Z_{\ell,m,n}(s) = \frac{\zeta_{\ell+m+n}(s)}{\zeta_\ell(s)\zeta_m(s)\zeta_n(s)}$$

となるので，関数等式もリーマン予想も成立することがわかる．零点・極も明示できるので超リーマン予想も成立する．そこで，より一般に，$\boldsymbol{n} = (n(1), \cdots, n(r))$ に対して

$$Z_{\boldsymbol{n}}(s) = s^{\otimes n(1)} \cdots s^{\otimes n(r)} - (s^{\otimes n(1)} - 1) \cdots (s^{\otimes n(r)} - 1)$$

と構成した上で練習問題 6（$r=2$）の場合を拡張した形で示そう.

練習問題 8　次を示せ. ただし, $\boldsymbol{n}=(n(1),\cdots,n(r))$.

(1) $Z_{\boldsymbol{n}}(s)=\dfrac{\zeta_{n(1)+\cdots+n(r)}(s)}{\zeta_{n(1)}(s)\cdots\zeta_{n(r)}(s)}$.

(2)［関数等式］$Z_{\boldsymbol{n}}(1-s)=(-1)^{r-1}Z_{\boldsymbol{n}}(s)$.

(3)［リーマン予想］$Z_{\boldsymbol{n}}(s)=0,\infty \Longrightarrow \mathrm{Re}(s)=\dfrac{1}{2}$.

(4)［特殊値］$Z_{\boldsymbol{n}}(1)=1$.

解答

(1) 右辺を計算する.

$$\zeta_n(s)=\frac{s^n}{s^{\otimes n}}$$

であるから

$$\zeta_{n(j)}(s)=\frac{s^{n(j)}}{s^{\otimes n(j)}}\quad(j=1,\cdots,r),$$

$$\zeta_{n(1)+\cdots+n(r)}(s)=\frac{s^{n(1)+\cdots+n(r)}}{s^{\otimes(n(1)+\cdots+n(r))}}$$

より

$$\frac{\zeta_{n(1)+\cdots+n(r)}(s)}{\zeta_{n(1)}(s)\cdots\zeta_{n(r)}(s)}=\frac{s^{\otimes n(1)}\cdots s^{\otimes n(r)}}{s^{\otimes(n(1)+\cdots+n(r))}}$$

$$=\frac{s^{\otimes n(1)}\cdots s^{\otimes n(r)}}{s^{\otimes n(1)}\otimes\cdots\otimes s^{\otimes n(r)}}$$

となる.

さらに,

$$s_1\otimes\cdots\otimes s_r=\frac{s_1\cdots s_r}{(s_1\cdots s_r)-(s_1-1)\cdots(s_r-1)}$$

であったから等式

$$\frac{s_1\cdots s_r}{s_1\otimes\cdots\otimes s_r}=(s_1\cdots s_r)-(s_1-1)\cdots(s_r-1)$$

において

$$s_j = s^{\otimes n(j)} \quad (j = 1, \cdots, r)$$

とすると

$$\frac{\zeta_{n(1)+\cdots+n(r)}(s)}{\zeta_{n(1)}(s)\cdots\zeta_{n(r)}(s)} = \frac{s_1 \cdots s_r}{s_1 \otimes \cdots \otimes s_r}$$

$$= (s_1 \cdots s_r) - (s_1 - 1) \cdots (s_r - 1)$$

$$= (s^{\otimes n(1)} \cdots s^{\otimes n(r)}) - (s^{\otimes n(1)} - 1) \cdots (s^{\otimes n(r)} - 1)$$

$$= Z_n(s)$$

となり, (1) が成立することがわかる.

(2) 上で示した (1) を用いればよい:

$$Z_n(1-s) = \frac{\zeta_{n(1)+\cdots+n(r)}(1-s)}{\zeta_{n(1)}(1-s)\cdots\zeta_{n(r)}(1-s)}$$

$$= \frac{(-1)^{n(1)+\cdots+n(r)-1}\zeta_{n(1)+\cdots+n(r)}(s)}{((-1)^{n(1)-1}\zeta_{n(1)}(s))\cdots((-1)^{n(r)-1}\zeta_{n(r)}(s))}$$

$$= (-1)^{r-1}\frac{\zeta_{n(1)+\cdots+n(r)}(s)}{\zeta_{n(1)}(s)\cdots\zeta_{n(r)}(s)}$$

$$= (-1)^{r-1}Z_n(s).$$

(3) 表示 (1) と $\zeta_n(s)$ がリーマン予想をみたすことから, $Z_n(s)$ のリーマン予想

$$Z_n(s) = 0, \infty \implies \mathrm{Re}(s) = \frac{1}{2}$$

は成立する. もちろん, 超リーマン予想も成立する.

(4) $Z_n(1) = \dfrac{\zeta_{n(1)+\cdots+n(r)}(1)}{\zeta_{n(1)}(1)\cdots\zeta_{n(r)}(1)}$

$\qquad = \dfrac{1}{1 \cdots 1}$

$\qquad = 1.$

なお，$1^{\otimes n}=1$ であるから，$Z_n(s)$ の定義から直接計算してもわかる：

$$Z_n(1)=(1^{\otimes n(1)}\cdots 1^{\otimes n(r)})-(1^{\otimes n(1)}-1)\cdots(1^{\otimes n(r)}-1)$$
$$=1-0$$
$$=1.$$

（解答終）

上の解答では $s^{\otimes n}$ をうまく使っていることを見られたい．とくに，性質

$$s^{\otimes(n(1)+\cdots+n(r))}=s^{\otimes n(1)}\otimes\cdots\otimes s^{\otimes n(r)}$$

が重要である．

4.7 関数等式の別証

前節の関数等式（練習問題 8 (2)）の別証明の方針を書いておこう．定義

$$Z_n(s)=s^{\otimes n(1)}\cdots s^{\otimes n(r)}-(s^{\otimes n(1)}-1)\cdots(s^{\otimes n(r)}-1)$$

から出発する．

$$Z_n(1-s)=(1-s)^{\otimes n(1)}\cdots(1-s)^{\otimes n(r)}$$
$$-((1-s)^{\otimes n(1)}-1)\cdots((1-s)^{\otimes n(r)}-1)$$

において

$$(1-s)^{\otimes n}=1-s^{\otimes n}\quad[\text{練習問題 4 (3)}]$$

を用いればよい．

4.8 整数計算

整数計算をひとつやってみよう.

> **練習問題 9**　整数 a であって $a^{\otimes n}$ $(n = 1, 2, 3, \cdots)$ がすべて整数となるものをすべて求めよ.

解答　$a = 0$ のときは $a^{\otimes n} = 0$, $a = 1$ のときは $a^{\otimes n} = 1$ となるので $a = 0, 1$ は適している.

$a \geqq 2$ のときは

$$a^{\otimes n} = \frac{a^n}{a^n - (a-1)^n} = \frac{1}{1 - \left(1 - \dfrac{1}{a}\right)^n}$$

より

$$\begin{cases} a^{\otimes n} > 1, \\ \displaystyle\lim_{n \to \infty} a^{\otimes n} = 1 \end{cases}$$

が成立する. よって, 十分大の n に対して $1 < a^{\otimes n} < 2$ となる. したがって, そのような $a^{\otimes n}$ は整数ではないので, a は不適である.

最後に $a \leqq -1$ のときは $1 - a \geqq 2$ であり

$$a^{\otimes n} = 1 - (1-a)^{\otimes n} \quad [\text{練習問題 4 (3)}]$$

となるので, 十分大の n に対して $(1-a)^{\otimes n} \notin \mathbb{Z}$ より $a^{\otimes n} \notin \mathbb{Z}$. したがって a は不適. 以上より求める a は $0, 1$ のみ.

(解答終)

もう一題あげておこう.

> **練習問題 10**　有理数 $2^{\otimes n}$ の相異なる素因数がちょうど 2 個である $n \geqq 1$ をすべて求めよ.

　これは難題である．ページ数が足りなくなってきたので（それだけではないが…），完全な解答は読者の研究にまかせたい．基本方針のみ述べる．

$$2^{\otimes n} = \frac{2^n}{2^n - 1}$$

は既約分数なので，求める n は $2^n - 1$ が奇素数となる n であり，良く知られているように，n も素数で $2^n - 1$ はメルセンヌ素数であり，$2^{n-1}(2^n - 1)$ は完全数である．ちなみに，2022 年 3 月末の時点では n は

> 2, 3, 5, 7, 13, 17, 19, 31, 61, 89, 107, 127, 521,
> 607, 1279, 2203, 2281, 3217, 4253, 4423, 9689,
> 9941, 11213, 19937, 21701, 23209, 44497,
> 86243, 110503, 132049, 216091, 756839, 859433,
> 1257787, 1398269, 2976221, 3021377, 6972593,
> 13466917, 20996011, 24036583, 25964951,
> 30402457, 32582657, 37156667, 42643801,
> 43112609, 57885161, 74207281, 77232917,
> 82589933

という 51 個が発見されている（最後のものは 2018 年 12 月 7 日に発見されたもので，更新されるべきであるが，その後は 3 年以上一向に見つかっていない；予想では無限個存在する）．

　このようにして，$s^{\otimes n}$ から問題を作っていくと，どんどん広がって行って，楽しい時間が（無限に？）過ごせるので探検してほしい．

第5章　　　　素朴なオイラー積

　数論の深い話はすべてリーマン予想に至るのではないか，と何年も思っている．この記事が出版される頃は夏の暑い盛りの時期なので，話は簡単にしたい．複雑な話は暑苦しい感じがしそう．

　$\mathbb{Q}$ 上の代数多様体 X に対して，素数 $p \leqq t$ にわたる素朴なオイラー積 $\|X\|_t$ を考えると

$$\|X\|_t = \prod_{p \leqq t} \frac{|X(\mathbb{F}_p)|}{p^{\dim(X)}} \sim C(X)(\log t)^{r(X)} \quad (t \to \infty)$$

という振る舞いをするのではないかという話を簡単にしよう．実は，これは X がアーベル多様体のときは深リーマン予想という超リーマン予想になることもあって，本当のところ，その深さはうかがい知れない感じも受ける．これが，いわゆるバーチ＋スウィンナートンダイアー予想（BSD 予想）の原論文（1965 年）の形である．現在流通している BSD 予想はリーマン予想に関係しないように弱められたものになってしまっていて，残念至極である．原論文を訪れる人が増えることを願いたい．

5.1 乗法群

代数多様体 X とは言っても，詳細な定義については立ち入らない．簡単にわかる例から説明する．

乗法群 $X = GL(1) = \mathbb{G}_m$ のときは

$$\|X\|_t = \prod_{p \le t} \frac{|GL(1, \mathbb{F}_p)|}{p}$$

$$= \prod_{p \le t} \frac{|\mathbb{F}_p^\times|}{p}$$

$$= \prod_{p \le t} \frac{p-1}{p}$$

$$= \prod_{p \le t} \left(1 - \frac{1}{p}\right)$$

となるので，「メルテンスの定理」(1874 年；メルテンスはポーランドの数学者)

$$\prod_{p \le t} \left(1 - \frac{1}{p}\right) \sim e^{-\gamma} (\log t)^{-1} \quad (t \to \infty)$$

から ($\gamma = 0.577\cdots$ はオイラー定数)

$$\|X\|_t \sim C(X)(\log t)^{r(X)} \quad (t \to \infty)$$

が $X = GL(1)$ のときには，$C(X) = e^{-\gamma}$, $r(X) = -1$ で成立することがわかる．一般の代数多様体 X (今は $\mathbb{Q}$ 上とする.) の場合にも，正の実数 $C(X)$ と $r(X) \in \mathbb{Z}$ によって，$t \to \infty$ のとき

$$\|X\|_t = \prod_{p \le t} \frac{|X(\mathbb{F}_p)|}{p^{\dim(X)}} \sim C(X)(\log t)^{r(X)}$$

となると期待し，「密度予想 (Density Hypothesis)」と呼ぼう：略号は DH.

5.2 オイラーの公式

オイラーは 1735 年（28 歳のとき）に

$$\prod_p \frac{p^2-1}{p^2} = \frac{6}{\pi^2}$$

という公式を発見した．それは，ゼータ関数

$$\zeta(s) = \prod_p (1-p^{-s})^{-1} = \sum_{n=1}^{\infty} n^{-s} \ (\mathrm{Re}(s) > 1)$$

の枠組みを用いると

$$\zeta(2) = \frac{\pi^2}{6}$$

に他ならず，

$$\prod_p (1-p^{-2})^{-1} = \frac{\pi^2}{6}$$

や

$$\sum_{n=1}^{\infty} n^{-2} = \frac{\pi^2}{6}$$

ともなり，「$\sum_{n=1}^{\infty} n^{-2}$（平方数の逆数和）を求めよ」という "バーゼル問題" への解答として有名である．それこそゼータ関数論の最初の一歩であったと認識されている．

5.3 密度

あらためて定義を書いておこう．$\mathbb{Q}$ 上の代数多様体 X に対して密度 $\|X\|_t$（あるいは "素朴な玉河数"）

$$\|X\|_t = \prod_{p \leq t} \frac{|X(\mathbb{F}_p)|}{p^{\dim(X)}}$$

を 考 え る. こ こ で, $\dim(X)$ は 次 元 (た と え ば $\dim(GL(1))=1$) で, $|X(\mathbb{F}_p)|$ は各素数 p ごとに $\mathbb{F}_p$ を p 元体とし (具体的には $\mathbb{F}_p=\{0,1,\cdots,p-1\}$), X の $\mathbb{F}_p$ 有理点の集合 $X(\mathbb{F}_p)$ の元の個数 $|X(\mathbb{F}_p)|$ を調べて, 素数 $p \leqq t$ に関して掛け合わせている. これは, オイラー積の一種であるが, 必ずしもゼータ関数とは直接関連していないかも知れない. 念のため注意しておくと, 各 $t>0$ に対して有限オイラー積 $\|X\|_t$ を調べて $t \to \infty$ の挙動を見ることが大切である. 一方, $\lim_{t \to \infty}\|X\|_t$ が有限値に収束するときは, その値を $\|X\|_\infty$ と書こう. こちらは, すべての素数に関する積と思うことができる.

5.4 $SL(2)$

5.4 $SL(2)$

$X=SL(2)$ は 3 次元の代数群 (代数多様体で群となるもの) である.

練習問題 1　$\|SL(2)\|_\infty = \dfrac{6}{\pi^2}$ を示せ.

解答　$|SL(2,\mathbb{F}_p)|=p^3-p$ (一般化は練習問題 2) であるから

$$\|SL(2)\|_\infty = \prod_p \frac{p^3 - p}{p^3}$$

$$= \prod_p \frac{p^2 - 1}{p^2}$$

$$= \frac{6}{\pi^2}.$$ （解答終）

5.5　特殊線形群

$X = SL(n)$ $(n \geqq 2)$ は $n^2 - 1$ 次元の代数群であり，特殊線形群と呼ばれる．

練習問題 2

(1) $|SL(n, \mathbb{F}_p)|$ を求めよ．

(2) $\|SL(n)\|_\infty$ を求めよ．

解答

(1) $GL(n)$ を一般線形群とすると，群の全射準同型

$$\det : GL(n, \mathbb{F}_p) \longrightarrow \mathbb{F}_p^\times = GL(1, \mathbb{F}_p)$$

において，$\mathrm{Ker}(\det) = SL(n, \mathbb{F}_p)$ であるから，同型定理より，

$$GL(n, \mathbb{F}_p)/SL(n, \mathbb{F}_p) \cong \mathbb{F}_p^\times$$

を得る．したがって，群の位数を見ると

$$\frac{|GL(n, \mathbb{F}_p)|}{|SL(n, \mathbb{F}_p)|} = |\mathbb{F}_p^\times| = p - 1$$

となり，

$$|SL(n, \mathbb{F}_p)| = \frac{|GL(n, \mathbb{F}_p)|}{p - 1}$$

である．そこで，$|GL(n, \mathbb{F}_p)|$ を求めればよい．それには

$$GL(n, \mathbb{F}_p) = \{A = (\mathrm{a}_1, \cdots, \mathrm{a}_n) \mid$$
$$\{\mathrm{a}_1, \cdots, \mathrm{a}_n\} \text{ は } (\mathbb{F}_p)^n \text{ の } \mathbb{F}_p \text{ 上の基底} \}$$
$$= \{A = (\mathrm{a}_1, \cdots, \mathrm{a}_n) \mid$$
$$\{\mathrm{a}_1, \cdots, \mathrm{a}_n\} \text{ は } \mathbb{F}_p \text{ 上 1 次独立} \}$$

であるから，順に $\mathrm{a}_1, \mathrm{a}_2, \cdots, \mathrm{a}_n$ と選んでいくことを考えればよい．まず，a_1 は $\mathbf{0}$ 以外のベクトルであればよいので選び方は $p^n - 1$ 個あり，そのときに a_2 は $\langle \mathrm{a}_1 \rangle$ に属してないものを選ぶことになるので，$p^n - p$ 個あり，同様にして a_3 は $\mathrm{a}_3 \notin \langle \mathrm{a}_1, \mathrm{a}_2 \rangle$ より $p^n - p^2$ 個，a_4 は $\mathrm{a}_4 \notin \langle \mathrm{a}_1, \mathrm{a}_2, \mathrm{a}_3 \rangle$ よ $p^n - p^3$ 個，$\cdots$，a_n は $\mathrm{a}_n \notin \langle \mathrm{a}_1, \cdots, \mathrm{a}_{n-1} \rangle$ より $p^n - p^{n-1}$ 個ある．よって

$$|GL(n, \mathbb{F}_p)| = (p^n - 1)(p^n - p) \cdots (p^n - p^{n-1})$$
$$= p^{n^2}(1 - p^{-1})(1 - p^{-2}) \cdots (1 - p^{-n})$$

となる．よって，

$$|SL(n, \mathbb{F}_p)| = \frac{p^{n^2}(1 - p^{-1})(1 - p^{-2}) \cdots (1 - p^{-n})}{p - 1}$$
$$= p^{n^2 - 1}(1 - p^{-2}) \cdots (1 - p^{-n})$$

である．

(2) $\dim(SL(n)) = n^2 - 1$ であるから

$$\|SL(n)\|_\infty = \prod_p \frac{|SL(n, \mathbb{F}_p)|}{p^{n^2 - 1}}$$
$$= \prod_p \{(1 - p^{-2}) \cdots (1 - p^{-n})\}$$
$$= \zeta(2)^{-1} \zeta(3)^{-1} \cdots \zeta(n)^{-1}$$

とわかる．　　　　　　　　　　　　　　　　　　　解答終

5.6 シンプレクティック群

シンプレクティック群 $Sp(n)$ $(n \geq 1)$ は $n(2n+1)$ 次元の代数群であり，$Sp(1) = SL(2)$ である．具体的には

$$Sp(n, \mathbb{F}_p) = \left\{ \begin{pmatrix} A & B \\ C & D \end{pmatrix} \middle| \right.$$
$$\left. {}^t\!\begin{pmatrix} A & B \\ C & D \end{pmatrix} \begin{pmatrix} 0 & I_n \\ -I_n & 0 \end{pmatrix} \begin{pmatrix} A & B \\ C & D \end{pmatrix} = \begin{pmatrix} 0 & I_n \\ -I_n & 0 \end{pmatrix} \right\}$$

である．ただし，A, B, C, D は n 次正方行列．これは

$$Sp(n, \mathbb{F}_p) = \left\{ \begin{pmatrix} A & B \\ C & D \end{pmatrix} \middle| \right.$$
$$\left. {}^t\!AD - {}^t\!CB = I_n, \ {}^t\!AC = {}^t\!CA, \ {}^t\!BD = {}^t\!DB \right\}$$

となる．さらに，

$$|Sp(n, \mathbb{F}_p)| = p^{n(2n+1)}(1 - p^{-2})(1 - p^{-4}) \cdots (1 - p^{-2n})$$

であり，

$$\begin{aligned} \|Sp(n)\|_\infty &= \prod_n \frac{|Sp(n, \mathbb{F}_p)|}{p^{n(2n+1)}} \\ &= \prod_p \{(1 - p^{-2})(1 - p^{-4}) \cdots (1 - p^{-2n})\} \\ &= \zeta(2)^{-1}\zeta(4)^{-1} \cdots \zeta(2n)^{-1} \in \frac{1}{\pi^{n(n+1)}}\mathbb{Q} \end{aligned}$$

となる．

5.7 メルテンスの定理

メルテンスが 1874 年に証明したメルテンスの定理には，現在よく出てくるもの（定理 A）以外のもの（定理 B）もあるのでまとめておこう．

メルテンスの定理 A

$$\prod_{p \leqq t}\left(1-\frac{1}{p}\right) \sim e^{-\gamma}(\log t)^{-1} \quad (t \to \infty).$$

メルテンスの定理 B

$$\prod_{p:\text{奇素数}}\left(1-\frac{(-1)^{\frac{p-1}{2}}}{p}\right)=\frac{4}{\pi}.$$

定理 A の証明は通常の『初等数論』の教科書を読まれたい．
定理 B の証明は，一般化したものが

　　黒川信重『リーマン予想の先へ：深リーマン予想』東京
　　図書，2013 年

にあるので参照されたい．ディリクレの素数定理が必要とな
る．なお，定理 B は素朴な意味ではオイラーが書いていた
が，厳密な証明はメルテンスによる．

5.8 一般線形群

$\|GL(n)\|_t$ を計算しよう．

練習問題 3

$$\|GL(n)\|_t \sim e^{-\gamma}\prod_{k=2}^{n}\zeta(k)^{-1}\cdot(\log t)^{-1} \quad (t \to \infty)$$

を示せ．つまり，

$$C(GL(n))=e^{-\gamma}\prod_{k=2}^{n}\zeta(k)^{-1}, \quad r(GL(n))=-1.$$

ただし，空の積は 1 とする．

解答 $GL(n)$ の次元は n^2 である. $n=1$ のときは既に見た通り

$$\|GL(1)\|_t = \prod_{p\le t} \frac{|GL(1,\mathbb{F}_p)|}{p} = \prod_{p\le t}\left(1-\frac{1}{p}\right)$$

であるので, メルテンスの定理 A より

$$\|GL(1)\|_t \sim e^{-\gamma}(\log t)^{-1} \quad (t\to\infty)$$

となる. $n\ge 2$ のときは練習問題2の解答で計算した $|GL(n,\mathbb{F}_p)|$ を使って,

$$\begin{aligned}
\|GL(n)\|_t &= \prod_{p\le t}\frac{|GL(n,\mathbb{F}_p)|}{p^{n^2}}\\
&= \prod_{p\le t}\{(1-p^{-1})(1-p^{-2})\cdots(1-p^{-n})\}\\
&= \prod_{p\le t}(1-p^{-1})\times\prod_{p\le t}\{(1-p^{-2})\cdots(1-p^{-n})\}
\end{aligned}$$

となり, メルテンスの定理 A

$$\prod_{p\le t}(1-p^{-1}) \sim e^{-\gamma}(\log t)^{-1} \quad (t\to\infty)$$

と

$$\lim_{t\to\infty}\prod_{p\le t}\{(1-p^{-2})\cdots(1-p^{-n})\} = \zeta(2)^{-1}\cdots\zeta(n)^{-1}$$

より

$$\|GL(n)\|_t \sim e^{-\gamma}\prod_{k=2}^{n}\zeta(k)^{-1}\cdot(\log t)^{-1} \quad (t\to\infty)$$

となる. **解答終**

5.9 射影空間

n 次元射影空間 $\mathbb{P}^n$ に対しては

$$|\mathbb{P}^n(\mathbb{F}_p)| = 1+p+\cdots+p^n = \frac{p^{n+1}-1}{p-1}$$

であるから

$$\|\mathbb{P}^n(\mathbb{F}_p)\|_t = \prod_{p \leq t} \frac{1+p+\cdots+p^n}{p^n}$$

$$= \prod_{p \leq t} \frac{1-p^{-(n+1)}}{1-p^{-1}}$$

より，メルテンスの定理 A から

$$\|\mathbb{P}^n(\mathbb{F}_p)\|_t \sim \frac{e^\gamma}{\zeta(n+1)}\log t \quad (t \to \infty)$$

となる．つまり，

$$C(\mathbb{P}^n) = \frac{e^\gamma}{\zeta(n+1)},$$

$$r(\mathbb{P}^n) = 1$$

である．

なお，アフィン空間の場合は最も簡単である．n 次元アフィン空間 $\mathbb{A}^n$ に対しては

$$\mathbb{A}^n(\mathbb{F}_p) = (\mathbb{F}_p)^n$$

であるから

$$\|\mathbb{A}^n\|_t = \prod_{p \leq t} \frac{|\mathbb{A}^n(\mathbb{F}_p)|}{p^n} = \prod_{p \leq t} \frac{p^n}{p^n} = 1$$

であり，$\|\mathbb{A}^n\|_\infty = 1$ となる．

5.10 円

円 $X = \{(x, y)\,|\,x^2 + y^2 = 1\}$ の場合を考えよう．このとき
は，

$$X(\mathbb{F}_p) = \{(x, y) \in (\mathbb{F}_p)^2 \,|\, x^2 + y^2 = 1\}$$

であり，よく知られているように

$$|X(\mathbb{F}_p)| = \begin{cases} 2 & \cdots \quad p = 2 \\ p-1 & \cdots \quad p \equiv 1 \bmod 4 \\ p+1 & \cdots \quad p \equiv 3 \bmod 4 \end{cases}$$

となるので，メルテンスの定理 B より

$$\|X\|_\infty = \prod_{p:\text{奇素数}} \frac{p - (-1)^{\frac{p-1}{2}}}{p} = \frac{4}{\pi}$$

となる．

図 $X(\mathbb{F}_5)$ は 4 点 $\{(\pm 1, 0),\, (0, \pm 1)\}$

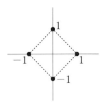

図 $X(\mathbb{F}_7)$ は 8 点 $\{\pm(1, 0), \pm(0, 1), \pm(2, 2), \pm(2, -2)\}$

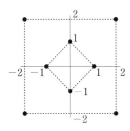

5.11 BSD 予想

BSD 予想とは B ＝バーチ，SD ＝スウィンナートンダイアーというケンブリッジ大学で共同研究していた 2 人の数学者（3 人ではない；B–SD という書き方の方が誤解を避けるのには適している）が 1965 年の論文

B.J.Birch and H.P.F.Swinnerton-Dyer "Notes on elliptic curves（II）" Crelle J. **218**（1965）79‐108

の最初のページ（79 ページ）にて予想（A）として提出したのもである：

> **BSD 予想**　$L(s, E)$ を $\mathbb{Q}$ 上の楕円曲線 E の L‐関数とし，$\mathrm{rank}\, E(\mathbb{Q})$ をモーデル・ヴェイユ群 $E(\mathbb{Q})$ の階数とする．このとき，(A1) と (A2) が成り立つだろう．
>
> (A1)　$\displaystyle \prod_{p \leqq t} \frac{|E(\mathbb{F}_p)|}{p} \sim C(E)(\log t)^{\mathrm{rank}\, E(\mathbb{Q})} \ (t \to \infty).$
>
> ここで，$C(E) > 0$ は E で決まる定数．
>
> (A2)　$\mathrm{ord}_{s=1} L(s, E) = \mathrm{rank}\, E(\mathbb{Q}).$　［解析接続は仮定］

ここで，$L(s, E)$ はオイラー積

$$L(s, E) = \prod_{p \nmid N} (1 - a_p p^{-s} + p^{1-2s})^{-1}$$
$$\times \prod_{p \mid N} (1 - a_p p^{-s})^{-1}$$

であり（$N = N_E$ は E の導手），

$$a_p = \begin{cases} p+1-|E(\mathbb{F}_p)| \cdots & p \nmid N, \\ p-|E(\mathbb{F}_p)| \quad \cdots & p \mid N. \end{cases}$$

$L(s, E)$ が $s \in \mathbb{C}$ 全体で正則で関数等式 $s \longleftrightarrow 2-s$ をみたすことは，1965 年の時点では一部の楕円曲線 E についてのみ知られていたことであったが，2001 年に全ての E に対して成立することが証明された（テイラーたち 4 人組）．

練習問題 4　　$L(s, E)$ の $s = 1$ におけるオイラー積の $p \leqq t$ に関する部分は

$$\|E\|_t^{-1} = \left(\prod_{p \leqq t} \frac{|E(\mathbb{F}_p)|}{p} \right)^{-1}$$

となることを示せ．

解答

$$L(s, E) = \prod_{p \nmid N} (1 - a_p p^{-s} + p^{1-2s})^{-1} \times \prod_{p \mid N} (1 - a_p p^{-s})^{-1}$$

であるから $p \leqq t$ に関する部分は

$$L(s, E)_t = \prod_{\substack{p \nmid N \\ p \leqq t}} (1 - a_p p^{-s} + p^{1-2s})^{-1} \times \prod_{\substack{p \mid N \\ p \leqq t}} (1 - a_p p^{-s})^{-1}$$

であり，$s = 1$ とすると

$$\prod_{\substack{p \nmid N \\ p \leqq t}} (1 - a_p p^{-1} + p^{-1})^{-1} \times \prod_{\substack{p \mid N \\ p \leqq t}} (1 - a_p p^{-1})^{-1}$$

$$= \left(\prod_{p \leqq t} \frac{|E(\mathbb{F}_p)|}{p} \right)^{-1}$$

$$= \|E\|_t^{-1}$$

となる．実際，$p \nmid N$ に対しては

$$a_p = p + 1 - |E(\mathbb{F}_p)|$$

より

$$1 - a_p p^{-1} + p^{-1} = \frac{p + 1 - a_p}{p}$$

$$= \frac{|E(\mathbb{F}_p)|}{p}$$

であり，$p \mid N$ に対しては

$$a_p = p - |E(\mathbb{F}_p)|$$

より

$$1 - a_p p^{-1} = \frac{p - a_p}{p} = \frac{|E(\mathbb{F}_p)|}{p}$$

である．　　　　　　　　　　　　　　　　　　（解答終）

　「数学七大問題」としての BSD 予想は（A2）だけを取り出しているのであるが，BSD の原論文の本体は（A1）の膨大な数値実験（コンピュータ EDSAC II 使用）を 1958 年から行った結果を報告したものであって，（A2）はそこからの推測である．BSD 予想の実態はゴールドフェルトが 17 年後（1982年 4 月）の論文

　　D.Goldfeld "Sur les produits partiels euleriens attache
　　aux courbes elliptiques" C.R.Acad.Sci.Paris ser.I
　　Math.,**294**（1982）471-474

で解明した（ちなみに，学士院での報告はセールが行った）．それは，

> **ゴールドフェルトの定理**　BSD 予想（A1）（A2）につい
> て次が成立する.
>
> (1)（A1）から（A2）は導き出される.
>
> (2)（A1）から $L(s,E)$ のリーマン予想（本質的零点はす
> 　べて $\mathrm{Re}(s)=1$ 上に乗る）は導き出される.

したがって，簡単に言えば

$$\boxed{\text{BSD 予想 (A1)(A2)}} = \boxed{\text{(A1)}}$$
$$\Rightarrow \boxed{\text{リーマン予想}(L(s,E))}$$

なのであり，本来の BSD 予想は超リーマン予想の一つであ
ることがわかったのである.（A2）だけを取り出している現
在の BSD 予想はリーマン予想の観点からは本質的なところ
を除いてしまっている，とも言える. これは，現行の BSD
予想は意味のないものと言っているわけではなく，懸賞金
をつける問題としてはある程度解ける（A2）だけの方が良い
という判断も働いたのかも知れない. 実際,（A2）だけなら,
$\mathrm{rank}\,E(\mathbb{Q}) \leqq 1$ のときには（たくさんの場合に）成立が報告
されている. 一方,（A1）が知られている E の例は１つもな
い（CM 型のときでも）. 要するに，本来の BSD 予想（A1）
は難しすぎるのである. さて，超リーマン予想である（A1）
に適切な名前が付いていなかったのであるが，今から 10
年前の 2012 年に出版された単行本『リーマン予想の探求』
(2012 年）にて,「深リーマン予想」という名前を与えた（第 6
章「深リーマン予想」）. 翌年，詳しい教科書『リーマン予想
の先へ：深リーマン予想』(2013 年）を出版した，というの
が，深リーマン予想のはじまりの出版事情である.

5.12 グラスマン多様体

X としてグラスマン多様体 $\mathrm{Gr}(n,m)$（$n>m>0$）を取ったときの計算も面白いので解説しておこう．$\mathrm{Gr}(n,m)$ は n 次元線型空間内の m 次元線形部分空間の分類空間であり，次元は $m(n-m)$ である．射影空間 $\mathbb{P}^n$ は $\mathbb{P}^n=\mathrm{Gr}(n+1,1)$ となっているので，ここにも含まれる．$X=\mathrm{Gr}(n,m)$ のときは，

$$|X(\mathbb{F}_p)|=\frac{(p^n-1)\cdots(p^{n-m+1}-1)}{(p^m-1)\cdots(p-1)}=\begin{bmatrix}n\\m\end{bmatrix}_p$$

となるので，$m>1$ とする（$m=1$ のときは $\mathbb{P}^{n-1}$ になる）と

$$\|X\|_t=\prod_{p\leq t}\frac{(1-p^{-(n-m+1)})\cdots(1-p^{-n})}{(1-p^{-1})\cdots(1-p^{-m})}$$

$$\sim e^\gamma\,\frac{\zeta(2)\cdots\zeta(m)}{\zeta(n-m+1)\cdots\zeta(n)}\log t$$

を得る．つまり，

$$C(\mathrm{Gr}(n,m))=e^\gamma\,\frac{\zeta(2)\cdots\zeta(m)}{\zeta(n-m+1)\cdots\zeta(n)},$$

$$r(\mathrm{Gr}(n,m))=1$$

である．

5.13 円分多項式

$|X(\mathbb{F}_p)|$ が p の多項式になる例もいろいろ扱ってきたが，それらは円分多項式の積や商に帰着するので，次を見ておこう．

練習問題 5 円分多項式 $\Phi_n(x)$ に対して

$$\|\Phi_n\|_t = \prod_{p \le t} \frac{\Phi_n(p)}{p^{\deg \Phi_n}}$$

とする. このとき, $t \to \infty$ に対して

$$\|\Phi_n\|_t \sim e^{-\gamma \mu(n)} \prod_{\substack{d \mid n \\ d > 1}} \zeta(d)^{-\mu\left(\frac{n}{d}\right)} \cdot (\log t)^{-\mu(n)}$$

を示せ. ただし, $\mu(n)$ はメビウス関数である.

解答

$$\Phi_n(x) = \prod_{d \mid n} (x^d - 1)^{\mu\left(\frac{n}{d}\right)}$$

であり, $\deg \Phi_n = \varphi(n)$ （オイラー関数）である. したがって,

$$\|\Phi_n\|_t = \prod_{p \le t} \frac{\Phi_n(p)}{p^{\varphi(n)}}$$

$$= \prod_{d \mid n} \prod_{p \le t} (1 - p^{-d})^{\mu\left(\frac{n}{d}\right)}$$

$$= \prod_{p \le t} (1 - p^{-1})^{\mu(n)} \times \prod_{\substack{d \mid n \\ d > 1}} \prod_{p \le t} (1 - p^{-d})^{\mu\left(\frac{n}{d}\right)}$$

$$\sim e^{-\gamma \mu(n)} \prod_{\substack{d \mid m \\ d > 1}} \zeta(d)^{-\mu\left(\frac{n}{d}\right)} \cdot (\log t)^{-\mu(n)}$$

である. つまり,

$$C(\Phi_n) = e^{-\gamma \mu(n)} \prod_{\substack{d \mid n \\ d > 1}} \zeta(d)^{-\mu\left(\frac{n}{d}\right)},$$

$$r(\Phi_n) = -\mu(n)$$

によって

$$\|\Phi_n\|_t \sim C(\Phi_n)(\log t)^{r(\Phi_n)}$$

となる.

解答終

例　$\|\varPhi_4\|_t \longrightarrow \dfrac{15}{\pi^2} \quad (t \to \infty)$.

X, Y から $X \times Y$ に移った際の関手性

$$C(X \times Y) = C(X)C(Y),$$
$$r(X \times Y) = r(X) + r(Y)$$

も大切である.

第6章　オイラー積原理から

　　メルテンスの定理（1874年）はいろいろと解釈できることを前章に見た．とくに，有理数体 $\mathbb{Q}$ 上の代数多様体 X に対して有限オイラー積 $\|X\|_t$ を"密度"として定めて $t \to \infty$ とした様子を調べると，メルテンスの定理の形やその拡張・類似がどんどん現れることを知った．さらに，X がアーベル多様体のときは（少なくとも，1次元のアーベル多様体である楕円曲線のときは），密度予想（Density Hypothesis）からゼータ関数 $L(s, X)$ のリーマン予想さえ導くことができるという深リーマン予想・超リーマン予想の側面もあった．本章は多項式から作られた有限オイラー積の場合を重点的に研究する．とくに，ゼータ関数を通して解明しよう．これは，黒川信重『オイラー積原理　素数全体の調和の秘密』（現代数学社，2022年8月）と深く結びついているので自由に活用する．また，一般次元のアーベル多様体の場合の計算にも触れる．現在まで，どうしても1次元の場合（楕円曲線）しか扱われていないので挑戦されたい．とくに，次元 $g = 2, 3$ のときに具体的に書いてみることをすすめたい．

6.1 多項式

n 次のモニック多項式（最高次係数 1）$f(x) \in \mathbb{Z}[x]$ に対して，$t > 0$ ごとに t 以下の素数 p にわたる積

$$\|f\|_t = \prod_{p \le t} \frac{f(p)}{p^{\deg(f)}}$$

が"密度"（Density）であった（$\deg(f) = n$）．"密度予想"（Density Hypothesis）とは

$$\|f\|_t \sim C(f)(\log t)^{r(f)} \quad (t \to \infty)$$

が定数 $C(f)$ と $r(f) \in \mathbb{Z}$ に対して成立するという期待であり，今の場合には 6.3 節で見る通り一般に成立することが確認できる．

6.2 一次式

簡単な一次式からはじめよう．

練習問題 1　　$f(x) = x + \ell$　$(\ell \in \mathbb{Z})$ のとき

$$\|f\|_t \sim C(f)(\log t)^{r(f)} \quad (t \to \infty)$$

が成り立つことを示せ．ただし，

$$C(f) = e^{\ell \gamma} \prod_p \left\{ \left(1 + \frac{\ell}{p}\right)\left(1 - \frac{1}{p}\right)^\ell \right\},$$

$$r(f) = \ell$$

である（γ はオイラー定数）．

解答

$$\|f\|_t = \prod_{p \leq t} \frac{p+\ell}{p}$$

$$= \prod_{p \leq t} \left(1 + \frac{\ell}{p}\right)$$

$$= \prod_{p \leq t} \left\{\left(1 + \frac{\ell}{p}\right)\left(1 - \frac{1}{p}\right)^{\ell}\left(1 - \frac{1}{p}\right)^{-\ell}\right\}$$

$$= \prod_{p \leq t} \left\{\left(1 + \frac{\ell}{p}\right)\left(1 - \frac{1}{p}\right)^{\ell}\right\}\left\{\prod_{p \leq t}\left(1 - \frac{1}{p}\right)\right\}^{-\ell}$$

と変形して

$$\lim_{t \to \infty} \prod_{p \leq t} \left\{\left(1 + \frac{\ell}{p}\right)\left(1 - \frac{1}{p}\right)^{\ell}\right\} = \prod_{p} \left\{\left(1 + \frac{\ell}{p}\right)\left(1 - \frac{1}{p}\right)^{\ell}\right\}$$

が絶対収束することと，メルテンスの定理

$$\prod_{p \leq t}\left(1 - \frac{1}{p}\right) \sim e^{-\gamma}(\log t)^{-1}$$

——ここで，$\gamma = 0.577\cdots$ はオイラー定数——を用いて

$$\|f\|_t \sim C(f)(\log t)^{r(f)}$$

が

$$C(f) = e^{\ell\gamma} \prod_{p} \left\{\left(1 + \frac{\ell}{p}\right)\left(1 - \frac{1}{p}\right)^{\ell}\right\},$$

$$r(f) = \ell$$

で成立することがわかる．ただし，

$$\left(1 - \frac{1}{p}\right)^{\ell} = 1 - \frac{\ell}{p} + \frac{\ell(\ell-1)}{2}\frac{1}{p^2} + \cdots$$

であるから

$$\prod_{p} \left\{\left(1 + \frac{\ell}{p}\right)\left(1 - \frac{1}{p}\right)^{\ell}\right\} = \prod_{p}\left(1 - \frac{\ell(\ell+1)}{2}\frac{1}{p^2} + \cdots\right)$$

が有限値に収束することを使った． **解答終**

ここで, $\left(1-\dfrac{1}{p}\right)^{\ell}$ を補充する手法は『オイラー積原理』に

おいて多項式を近似して行く基本的方法であることに注意さ

れたい．次数の高い多項式に対しても，次に見る通り，同じ

である．

6.3　高次多項式

　一般の n 次モニック多項式 $f(x) \in \mathbb{Z}[x]$ の密度を計算し

よう．

練習問題 2　　$f(x) = x^n + \ell x^{n-1} + \cdots \in \mathbb{Z}[x]$ を n 次モ

ニック多項式とする．このとき，

$$\|f\|_t \sim C(f)(\log t)^{r(f)} \quad (t \to \infty)$$

が成立することを示せ．ただし，

$$C(f) = e^{\ell \gamma} \prod_p \left\{ \frac{f(p)}{p^n}\left(1-\frac{1}{p}\right)^{\ell}\right\},$$

$$r(f) = \ell.$$

解答

$$\begin{aligned}
\|f\|_t &= \prod_{p \le t} \frac{f(p)}{p^n} \\
&= \prod_{p \le t} \left(1 + \frac{\ell}{p} + \cdots\right) \\
&= \prod_{p \le t} \left\{\left(1 + \frac{\ell}{p} + \cdots\right)\left(1 - \frac{1}{p}\right)^{\ell}\right\} \times \prod_{p \le t} \left(1 - \frac{1}{p}\right)^{-\ell}
\end{aligned}$$

において

$$\lim_{t\to\infty}\prod_{p\le t}\left\{\left(1+\frac{\ell}{p}+\cdots\right)\left(1-\frac{1}{p}\right)^{\ell}\right\}=\prod_{p}\left\{\left(1+\frac{\ell}{p}+\cdots\right)\left(1-\frac{1}{p}\right)^{\ell}\right\}$$
$$=\prod_{p}\left\{\frac{f(p)}{p^{n}}\left(1-\frac{1}{p}\right)^{\ell}\right\}$$

は絶対収束して，メルテンスの定理から

$$\prod_{p\le t}\left(1-\frac{1}{p}\right)^{-\ell}\sim e^{\ell\gamma}(\log t)^{\ell}$$

であるから

$$C(f)=e^{\ell\gamma}\prod_{p}\left\{\frac{f(p)}{p^{n}}\left(1-\frac{1}{p}\right)^{\ell}\right\},$$
$$r(f)=\ell$$

によって

$$\|f\|_{t}\sim C(f)(\log t)^{r(f)}\quad(t\to\infty)$$

が成立することがわかる． (解答終)

6.4 ゼータ関数

n 次モニック多項式

$$f(x)=x^{n}+\ell x^{n-1}+\cdots\ \in\mathbb{Z}[x]$$

に対して，ゼータ関数

$$L(s,f)=\prod_{p}\frac{f(p^{s})}{p^{ns}}$$

を考える．

練習問題 3 $L(s,f)$ は $\mathrm{Re}(s)>0$ における有理型関数に解析接続されることを示せ．

解答

$$H(T) = T^n f\left(\frac{1}{T}\right)$$

とおくと

$$H(T) = 1 + \ell T + \cdots \quad \in 1 + T\mathbb{Z}[T]$$

であり,

$$(\text{☆}) \qquad L(s, f) = Z(s, H)^{-1}$$

となる. ただし, $Z(s, H)$ は『オイラー積原理』で用いられ
ている記法であり,

$$Z(s, H) = \prod_p H(p^{-s})^{-1}$$

と構成される.

　等式 (☆) が成立することは, 定義をたどれば

$$L(s, f) = \prod_p \frac{f(p^s)}{p^{ns}}$$

および

$$Z(s, H)^{-1} = \prod_p H(p^{-s})$$
$$= \prod_p p^{-ns} f(p^s)$$

となっていることからわかる.

　したがって,『オイラー積原理』(第5章, §5.3, 定理 A*
において $G = 1$) によって, $Z(s, H)$ は $\mathrm{Re}(s) > 0$ での有理型
関数に解析接続可能なことがわかる (基本は多項式を繰り返
して近似して行くことである). よって, $L(s, f)$ は $\mathrm{Re}(s) > 0$
において有理型関数となる.

解答終

例1 $f(x)=x-1$ のとき,

$$\|f\|_t = \|GL(1)\|_t = \prod_{p \leq t} \frac{p-1}{p} \sim e^{-\gamma}(\log t)^{-1},$$

$L(s,f)=L(s,GL(1))=\zeta(s)^{-1}$: $s=1$ は 1 位 の 零 点 (-1 位の極).

例2 $f(x)=x+1$ のとき

$$\|f\|_t = \|\mathbb{P}^1\|_t = \prod_{p \leq t} \frac{p+1}{p} \sim \frac{6e^{\gamma}}{\pi^2}\log t,$$

$$\begin{aligned}
L(s,f) &= L(s,\mathbb{P}^1) \\
&= \prod_p (1+p^{-s}) \\
&= \prod_p \frac{1-p^{2s}}{1-p^{-s}} \\
&= \frac{\zeta(s)}{\zeta(2s)} \ : \ s=1 \text{ は 1 位の極.}
\end{aligned}$$

さらに,

$$\lim_{s \to 1}(s-1)L(s,f) = \frac{1}{\zeta(2)} = \frac{6}{\pi^2}.$$

6.5 円分多項式

$Z(s,H)$ が $\mathbb{C}$ 上の有理型関数になる場合は『オイラー積原理』(第 6 章, §6.8, 練習問題 2) において決定されている通りであり,

$Z(s,H):\mathbb{C}$ 上有理型

$\Longleftrightarrow H(T)$ は円分多項式 $\Phi_n^*(T)$ の有限積

$$\Longleftrightarrow H(T) = \prod_{m=1}^{M} (1 - T^m)^{\kappa(m)} \quad (\kappa(m) \in \mathbb{Z})$$

と書ける

となる．このときには

$$Z(s, H) = \prod_{p} H(p^{-s})^{-1}$$

$$= \prod_{p} \prod_{m=1}^{M} (1 - p^{-ms})^{-\kappa(m)}$$

$$= \prod_{m=1}^{M} \left(\prod_{p} (1 - p^{-ms})^{-1} \right)^{\kappa(m)}$$

$$= \prod_{m=1}^{M} \zeta(ms)^{\kappa(m)}$$

となって，$\mathbb{C}$ 上で有理型関数となる．

　なお，円分多項式

$$\Phi_n^*(T) = \prod_{d \mid n} (1 - T^d)^{\mu\left(\frac{n}{d}\right)}$$

は定数項が 1 になるように，通常の円分多項式

$$\Phi_n(T) = \prod_{d \mid n} (T^d - 1)^{\mu\left(\frac{n}{d}\right)}$$

を

$$\Phi_n^*(T) = T^{\varphi(n)} \Phi_n\left(\frac{1}{T}\right)$$

と変形したものであり，符号の分しか違わない（しかも，$n = 1$ のときのみ）：

$$\Phi_n^*(T) = \Phi_n(T) \times \begin{cases} -1 \cdots\cdots n = 1, \\ 1 \ \cdots\cdots n > 1. \end{cases}$$

円分多項式に関しては『オイラー積原理』第 6 章「円分多項式」を参照されたい．

　これをまとめると，

$f(x)$ が円分多項式 $\varPhi_n(x)$ の有限積

$\Longleftrightarrow H(T)$ が円分多項式 $\varPhi_n^*(T)$ の有限積

$$\Longleftrightarrow H(T) = \prod_{m=1}^{M}(1-T^m)^{\kappa(m)} \quad (\kappa(m) \in \mathbb{Z})$$

となり，

$L(s,f)\colon \mathbb{C}$ 上有理型 $\Longleftrightarrow f(x)$ が円分多項式の有限積

となる．

6.6 一般の場合

n 次モニック多項式
$$f(x) = x^n + \ell x^{n-1} + \cdots \quad \in \mathbb{Z}[x]$$
に対して，$L(s,f)$ は $\mathrm{Re}(s) > 0$ において有理型関数になるので $s=1$ における様子を見ることができる．それは $Z(s,H)$ で書き直すと

$$H(T) = \prod_{m=1}^{\infty}(1-T^m)^{\kappa(m)} \quad (\kappa(m) \in \mathbb{Z})$$

という無限積で近似するものであり，標語的に言えば

$$Z(s,H) = \prod_{m=1}^{\infty} \zeta(ms)^{\kappa(m)}$$

という無限積になる（"標語的"な表記であり，正確な意味については『オイラー積原理』参照）．

しかも，
$$\begin{aligned} H(T) &= 1 + \ell T + \cdots \\ &= (1-T)^{\kappa(1)}(1-T^2)^{\kappa(2)}\cdots \end{aligned}$$
であるから，
$$\kappa(1) = -\ell$$

と決まる．よって

$$Z(s, H) = \zeta(s)^{-\ell} \times Z_1(s)$$

と書けて，$Z_1(s)$ は $\mathrm{Re}(s) > \dfrac{1}{2}$ においては正則であり零点を持たないことがわかる．したがって，$Z(s, H)$ は $s = 1$ において位数 $-\ell$ の極をもつ．このことが，

$$\|f\|_t \sim C(f)(\log t)^\ell \quad (t \to \infty)$$

という $\log t$ の ℓ 乗に対応している．さらに，

$$\lim_{s \to 1} (s-1)^{-\ell} Z(s, H) = \prod_p \left\{ \frac{f(p)}{p^n} \left(1 - \frac{1}{p} \right)^\ell \right\}^{-1}$$
$$= C(f)^{-1} e^{-\ell \gamma}$$

であることも確認できる．要約すると，$\|f\|_t$ の $t \to \infty$ での様子はゼータ関数 $L(s, f) = Z(s, H)^{-1}$ の $s = 1$ における様子（ℓ 位の極）でわかる，という関係になっている．

6.7 表現環係数の多項式の場合

『オイラー積原理』の定式化から見ると，$\mathbb{Z}$ 係数の多項式のみではなく，表現環 $R(G)$ 係数の多項式も考えるのが自然である．ここでは，簡単な一次式の場合のみを調べよう．

練習問題4 χ を $\bmod N$ の非自明 $(\chi \neq \mathbb{1})$ なディリク

レ指標

$$\chi : (\mathbb{Z}/(N))^\times \longrightarrow \mathbb{C}^\times$$

とし $f(x) = x - \chi$, $g(x) = x + \chi$ とする.

(1) $\|f\|_t = \displaystyle\prod_{p \leq t} \frac{f(p)}{p} \sim C(f)(\log t)^{r(f)} \quad (t \to \infty)$

が成立することを示せ ($C(f)$ と $r(f)$ も求めよ).

(2) $\|g\|_t = \displaystyle\prod_{p \leq t} \frac{g(p)}{p} \sim C(g)(\log t)^{r(g)} \quad (t \to \infty)$

が成立することを示せ ($C(g)$ と $r(g)$ も求めよ).

ただし, p は $p \nmid N$ の素数を動き $f(p) = p - \chi(p)$,
$g(p) = p + \chi(p)$ とする.

解答

$$L(s, \chi) = \prod_p (1 - \chi(p)p^{-s})^{-1}$$

をディリクレ L 関数とする.

(1) $\|f\|_t = \displaystyle\prod_{p \leq t} \frac{p - \chi(p)}{p} = \prod_{p \leq t}\left(1 - \frac{\chi(p)}{p}\right)$

であるから, メルテンスの定理 (1874 年；指標版)

$$\lim_{t \to \infty} \prod_{p \leq t}\left(1 - \frac{\chi(p)}{p}\right)^{-1} = L(1, \chi)$$

を用いると

$$\|f\|_t \sim C(f)(\log t)^{r(t)} \quad (t \to \infty)$$

が

97

$$\begin{cases} C(f) = L(1, \chi)^{-1}, \\ r(f) = 0 \end{cases}$$

で成立する．このメルテンスの定理（ディリクレ指標版）
については証明や拡張を込めて

黒川信重『リーマン予想の先へ：深リーマン予想』東
京図書．2013 年

および

黒川信重『リーマンと数論』共立出版，2016 年（第 7
章）

参照．

(2)　$\displaystyle \|g\|_t = \prod_{p \leq t} \frac{p + \chi(p)}{p} = \prod_{p \leq t} \frac{1 - \dfrac{\chi(p)^2}{p^2}}{1 - \dfrac{\chi(p)}{p}}$

であるから，メルテンスの定理を用いると，

$$C(g) = \frac{L(1, \chi)}{L(2, \chi^2)},$$

$$r(g) = 0$$

に対して

$$\|g\|_t \sim C(g)(\log t)^{r(g)} \quad (t \to \infty)$$

が成立する．

（解答終）

上記の f, g に対して自然なゼータ関数は

$$L(s, f) = \prod_p (1 - \chi(p)p^{-s}),$$

$$L(s, g) = \prod_p (1 + \chi(p)p^{-s})$$

である．

┃ **練習問題 5** 　 次を示せ.

(1) $L(s, f) = L(s, \chi)^{-1}$.

(2) $C(f) = L(1, f)$, $r(f) = \mathrm{ord}_{s=1} L(s, f)$.

(3) $L(s, g) = \dfrac{L(s, \chi)}{L(2s, \chi^2)}$.

(4) $C(g) = L(1, g)$, $r(g) = \mathrm{ord}_{s=1} L(s, g)$.

解答

(1) $L(s, \chi) = \displaystyle\prod_p (1 - \chi(p) p^{-s})^{-1} = L(s, f)^{-1}$.

(2) $L(1, f) = L(1, \chi)^{-1}$,

$$\mathrm{ord}_{s=1} L(s, f) = 0$$

であるから

$$L(1, f) = C(f),$$
$$\mathrm{ord}_{s=1} L(s, f) = r(f)$$

が成立する.

(3) $\begin{aligned} L(s, g) &= \prod_p (1 + \chi(p) p^{-s}) \\ &= \prod_p \frac{1 - \chi(p)^2 p^{-2s}}{1 - \chi(p) p^{-s}} \\ &= \frac{L(s, \chi)}{L(2s, \chi^2)}. \end{aligned}$

(4) $L(1, g) = \dfrac{L(1, \chi)}{L(2, \chi^2)} = C(g)$

であり,

$$\mathrm{ord}_{s=1} L(s, g) = 0 = r(g)$$

である.
　　　　　　　　　　　　　　　　　　　　　　　　　　解答終

　高次の多項式も『オイラー積原理』を参考に考えてみてほしい. たとえば, 表現 $\rho : G \longrightarrow GL(n, \mathbb{C})$ に対して

$$f(x) = \det(xI - \rho) = \sum_{k=0}^{n} (-1)^k \operatorname{tr}(\Lambda^k \rho) x^{n-k}.$$

ここで, Λ^k は外積.

6.8 アーベル多様体の場合

　ここで考えてきた $L(s, X)$ は $s = 1$ が収束境界になっている比較的やさしい場合であった. 前に見た通り, X が楕円曲線 (つまり, 1次元アーベル多様体) のときは $s = 1$ が $L(s, X)$ の関数等式 $s \longleftrightarrow 2 - s$ の中心になっていて難しい問題になり, 超リーマン予想 (深リーマン予想) となる. ここでは, 一般次元のアーベル多様体 X の場合にも密度予想

$$\|X\|_t \sim C(X)(\log t)^{r(X)} \quad (t \to \infty)$$

が深リーマン予想 (今の場合には, $r(X) = \operatorname{rank} X(\mathbb{Q})$ モーデル・ヴェイユ群の階数) であることがわかるように計算をしてみよう ($s = 1$ は関数等式の中心).

　X が g 次元のアーベル多様体 ($\mathbb{Q}$ 上) とすると, $L(s, X)$ はハッセゼータ関数の "1次元部分" として定まり, ある整数 $N \geqq 1$ (導手) によって

$$L(s, X) = \prod_p L_p(s, X)$$
$$= \prod_{p \nmid N} L_p(s, X) \times \prod_{p \mid N} L_p(s, X)$$

の形になる. 問題は

$$\|X\|_t = \prod_{p \le t} \frac{|X(\mathbb{F}_p)|}{p^g}$$

と $L(s, X)$ の期待される関数等式 $s \longleftrightarrow 2-s$ の中心 $s=1$ で
のオイラー積

$$\prod_{p \le t} L_p(1, X)$$

とを比較することである．ここでは，実質的には充分な結果
である次の定理の証明を解説する．

定理　　　　$p \nmid N$ のとき $L_p(1, X)^{-1} = \dfrac{|X(\mathbb{F}_p)|}{p^g}$．

証明の準備として，$p \nmid N$（つまり " p : good "）のとき次の
(1)(2) が成立していることを注意し，使おう．

(1) $L_p(s, X)^{-1} = \det(I - p^{-s} M)$,

$$M = \mathrm{Frob}_p \,|\, H^1(X) = \begin{pmatrix} \alpha_1 & & O \\ & \ddots & \\ O & & \alpha_{2g} \end{pmatrix} \text{［対角化］},$$

$\alpha_j \alpha_{2g+1-j} = p.$

(2) $\zeta(s, X/\mathbb{F}_p) = \exp\left(\displaystyle\sum_{m=1}^{\infty} \frac{|X(\mathbb{F}_{p^m})|}{m} p^{-ms} \right)$

［合同ゼータ関数］

$$= \prod_{k=0}^{2g} \det(I - p^{-s} \Lambda^k M)^{(-1)^{k+1}}. \quad (\Lambda^k \text{ は外積}.)$$

$g=1$ では簡単すぎるので，慣れるためには $g=2, 3$ で具体
的に書いてみると良い．

補題 1　　　$|X(\mathbb{F}_p)| = \det(I-M)$.

（証明）

$$\exp\left(\sum_{m=1}^{\infty}\frac{|X(\mathbb{F}_{p^m})|}{m}u^m\right)=\prod_{k=0}^{2g}\det(I-u\Lambda^k M)^{(-1)^{k+1}}$$

の対数をとると $(u=p^{-s})$

$$\sum_{m=1}^{\infty}\frac{|X(\mathbb{F}_{p^m})|}{m}u^m=\left(\sum_{k=0}^{2g}(-1)^k\operatorname{tr}(\Lambda^k M)\right)u+O(u^2)$$

となるので，u^1 の係数を比較して

$$\begin{aligned}|X(\mathbb{F}_p)|&=\sum_{k=0}^{2g}(-1)^k\operatorname{tr}(\Lambda^k M)\\&=(1-\alpha_1)\cdots(1-\alpha_{2g})\\&=\det(I-M).\end{aligned}$$

（証明終）

補題 2　　　$|X(\mathbb{F}_p)| = \dfrac{\det(pI-M)}{p^g}$.

（証明）

$$|X(\mathbb{F}_p)|\underset{\text{補題1}}{=}\det(I-M)=\prod_{j=1}^{2g}(1-\alpha_j)$$

$$=\prod_{j=1}^{2g}\left(1-\frac{p}{\alpha_j}\right)=\frac{\prod_{j=1}^{2g}(p-\alpha_j)}{p^g}=\frac{\det(pI-M)}{p^g}.$$

ただし，$\alpha_1\cdots\alpha_{2g}=p^g$ を使った．　　　（証明終）

定理の証明：

$$L_p(1, X)^{-1} = \det(I - p^{-1}M) = \frac{\det(pI - M)}{p^{2g}}$$

$$\underset{\text{補題 2}}{=} \frac{p^g |X(\mathbb{F}_p)|}{p^{2g}} = \frac{|X(\mathbb{F}_p)|}{p^g}. \qquad \textbf{（証明終）}$$

したがって，$t \geqq N$ のとき

$$\|X\|_t = \prod_{p \leq t} \frac{|X(\mathbb{F}_p)|}{p^g}$$

$$= C_0 \times \prod_{\substack{p \leq t \\ p \nmid N}} \frac{|X(\mathbb{F}_p)|}{p^g}$$

$$= C_0 \times \prod_{\substack{p \leq t \\ p \nmid N}} L_p(1, X)^{-1}$$

が成立する．ここで，

$$C_0 = \prod_{p \mid N} \frac{|X(\mathbb{F}_p)|}{p^g}$$

は定数である．

このようにして，密度予想

$$\|X\|_t \sim C(X)(\log t)^{r(X)} \quad (t \to \infty)$$

は深リーマン予想

$$\prod_{\substack{p \leq t \\ p \nmid N}} L_p(1, X)^{-1} \sim \frac{C(X)}{C_0}(\log t)^{r(X)} \quad (t \to \infty)$$

に結び付くことになる．もちろん，$r(X)$ は $L(s, X)$ の中心零点の位数 $\mathrm{ord}_{s=1}L(s, X)$ およびモーデル・ヴェイユ群の階数と期待される．

第7章　　　深リーマン予想：τ

　ゼータ関数の問題を話すときにリーマンゼータ関数からはじめるのは普通であるが，得策とは思えない．リーマンゼータ関数はゼータ関数の中では例外的なものである．たとえば，極をもつ数論的ゼータ関数はリーマンゼータ関数をずらしたもので割り切れると信じられている．つまり，そのような極はリーマンゼータ関数の極から来るものに限るであろう．

　そのようなわけで，はじめるのは極のない普通のものが良いだろう．ディリクレL関数という案もあるが，特殊すぎよう．そこですすめたいのはラマヌジャンのτ関数から作られる2次のオイラー積$L(s, \Delta_k)$であり，本章では深リーマン予想をこの場合に見よう．

7.1 ラマヌジャンの τ 関数

　ラマヌジャンのτ関数は，展開係数

$$\Delta = q\prod_{n=1}^{\infty}(1-q^n)^{24} = \sum_{n=1}^{\infty}\tau(n)q^n \quad (|q|<1)$$

に現われる．今から約百年昔の 1916 年にラマヌジャンが詳しく研究した．ラマヌジャンはゼータ関数（L 関数）として

$$L(s, \Delta) = \sum_{n=1}^{\infty} \tau(n) n^{-s}$$

を考え，オイラー積表示

$$L(s, \Delta) = \prod_{p:素数} L_p(s, \Delta),$$
$$L_p(s, \Delta) = (1 - \tau(p) p^{-s} + p^{11-2s})^{-1}$$

および局所リーマン予想

$$L_p(s, \Delta) = \infty \implies \mathrm{Re}(s) = \frac{11}{2}$$

—— これは，$|\tau(p)| \leq 2p^{\frac{11}{2}}$ と同値であり，$\mathrm{Re}(s) = \frac{11}{2}$ は $L_p(s, \Delta)$ の関数等式 $s \longleftrightarrow 11-s$ の中心線となっている —— を予想した．なお，第 1 章では正規化した $L(s, \Delta)$（関数等式 $s \leftrightarrow 1-s$）を用いたが，ここでは通常のもの（関数等式 $s \leftrightarrow 12-s$）にした．

　前者は翌 1917 年にはモーデルによって証明された．後者はなかなか証明できず，ラマヌジャン予想と呼ばれて有名になった．それが証明されたのは 60 年近く後の 1974 年に発表されたドリーニュの論文においてであった．長い期間がかかったのは，代数幾何学——スキーム論——の理論構築に時間が必要であったからである．

7.2　リーマン予想：τ

　τ 関数のリーマン予想とは

「$L(s, \Delta) = 0 \Longrightarrow \mathrm{Re}(s) = 6$ または $s = 0, -1, -2, \cdots$」

である．そのためには，まず，$L(s, \Delta)$ の解析接続が必要となる．簡単に解説しておこう．

上半平面 $\mathrm{Im}(z) > 0$ の変数 $z = x + iy$ $(y > 0)$ に対して，$q = e^{2\pi i z}$ とし

$$\Delta(z) = q \prod_{n=1}^{\infty} (1 - q^n)^{24} = \sum_{n=1}^{\infty} \tau(n) q^n$$

とおくと，$\Delta(z)$ はモジュラー群 $SL(2, \mathbb{Z})$ に関する保型形式となる：この場合の保型性とは

$$\Delta\left(\frac{az+b}{cz+d}\right) = (cz+d)^{12} \Delta(z)$$

がすべての $\begin{pmatrix} a & b \\ c & d \end{pmatrix} \in SL(2, \mathbb{Z})$ に対して成立することである．

さて，$\tau(n) = O(n^6)$ は簡単に確認できて，

$$L(s, \Delta) = \sum_{n=1}^{\infty} \tau(n) n^{-s} = \prod_{p} (1 - \tau(p) p^{-s} + p^{11-2s})^{-1}$$

は $\mathrm{Re}(s) > 7$ で絶対収束していることがわかる．

さらに，$L(s, \Delta)$ はすべての $s \in \mathbb{C}$ に正則関数として解析接続され，$s \longleftrightarrow 12 - s$ という関数等式をみたす（ウィルトン，1929 年）．その証明は

$$\Delta(iy) = \sum_{n=1}^{\infty} \tau(n) e^{-2\pi n y} \quad (y > 0)$$

の積分変換を行えばよい．まず，

$$\int_0^\infty \Delta(iy)y^{s-1}dy = \int_0^\infty \left(\sum_{n=1}^\infty \tau(n)e^{-2\pi ny}\right)y^{s-1}dy$$

$$= \sum_{n=1}^\infty \tau(n)\int_0^\infty e^{-2\pi ny}y^{s-1}dy$$

$$= \sum_{n=1}^\infty \tau(n)(2\pi n)^{-s}\Gamma(s)$$

$$= (2\pi)^{-s}\Gamma(s)L(s,\Delta)$$

となることから，完備ゼータ関数 $\hat{L}(s,\Delta)$ を

$$\hat{L}(s,\Delta) = (2\pi)^{-s}\Gamma(s)L(s,\Delta)$$

とおけば

$$\hat{L}(s,\Delta) = \int_0^\infty \Delta(iy)y^s\,\frac{dy}{y}\quad (\mathrm{Re}(s)>7)$$

となる．

このあとはリーマンの方法にならって，

$$\hat{L}(s,\Delta) = \int_1^\infty \Delta(iy)y^s\,\frac{dy}{y} + \int_0^1 \Delta(iy)y^s\,\frac{dy}{y}$$

$$= \int_1^\infty \Delta(iy)y^s\,\frac{dy}{y} + \int_1^\infty \Delta\left(i\frac{1}{y}\right)y^{-s}\,\frac{dy}{y}$$

としたあとに，保型性からの

$$\Delta\left(i\frac{1}{y}\right) = y^{12}\Delta(iy)$$

を代入すると

$$\hat{L}(s,\Delta) = \int_1^\infty \Delta(iy)y^s\,\frac{dy}{y} + \int_1^\infty \Delta(iy)y^{12-s}\,\frac{dy}{y}$$

$$= \int_1^\infty \Delta(iy)(y^s+y^{12-s})\,\frac{dy}{y}$$

という積分表示を得る．なお，保型性の使い方は

$$\begin{pmatrix} a & b \\ c & d \end{pmatrix} \in SL(2,\mathbb{Z})\text{ に対して}$$

$$\Delta\left(\frac{az+b}{cz+d}\right) = (cz+d)^{12}\Delta(z)$$

であるから，$\begin{pmatrix} 0 & -1 \\ 1 & 0 \end{pmatrix} \in SL(2,\mathbb{Z})$ に対して用いると

$$\Delta\left(-\frac{1}{z}\right) = z^{12}\Delta(z)$$

となり，$z = iy$ とおくと

$$\Delta\left(i\frac{1}{y}\right) = y^{12}\Delta(iy)$$

となるのである．

さて，$\hat{L}(s,\Delta)$ の積分表示は，すべての $s\in\mathbb{C}$ に対して $\hat{L}(s,\Delta)$ の正則関数としての解析接続を与え，関数等式

$$\hat{L}(12-s,\Delta) = \hat{L}(s,\Delta)$$

を得る．したがって，

$$L(s,\Delta) = \frac{\hat{L}(s,\Delta)}{(2\pi)^{-s}\Gamma(s)}$$

もすべての $s\in\mathbb{C}$ に対して正則関数となることがわかる．

練習問題 1 中心値 $L(6,\Delta) > 0$ を示せ．

解答 積分表示

$$\hat{L}(s,\Delta) = \int_1^\infty \Delta(iy)(y^s + y^{12-s})\frac{dy}{y}$$

から

$$\hat{L}(6,\Delta) = 2\int_1^\infty \Delta(iy)y^5 dy$$

となる．ここで，

$$\Delta(iy) = e^{-2\pi y}\prod_{n=1}^\infty (1-e^{-2\pi ny})^{24} > 0$$

であるから

$$\hat{L}(6, \varDelta) > 0$$

および

$$L(6, \varDelta) = \frac{\hat{L}(6, \varDelta)}{(2\pi)^{-6}\, \Gamma(6)} > 0$$

がわかる. 　　　　　　　　　　　　　　　　　　　 解答終

7.3 深リーマン予想：τ

　τ 関数の L 関数 $L(s, \varDelta)$ に対する深リーマン予想とは中心 $s = 6$ におけるオイラー積の条件収束の様子を示すものであり，次の通りである（密度予想の形で書いておく）.

> **深リーマン予想：τ**
>
> $$\lim_{t \to \infty} \prod_{p \le t} \frac{p^6 + p^5 - \tau(p)}{p^6} = \frac{\sqrt{2}}{L(6, \varDelta)}.$$

ここで，オイラー積

$$L(s, \varDelta) = \prod_p L_p(s, \varDelta)$$

の中心 $s = 6$ でのオイラー積の $p \le t$ での部分は

$$\prod_{p \le t} L_p(6, \varDelta) = \prod_{p \le t} \frac{1}{1 - \tau(p)p^{-6} + p^{-1}}$$

$$= \prod_{p \le t} \frac{p^6}{p^6 + p^5 - \tau(p)}$$

であり，密度予想の形は逆数表示になっている．したがって $\sqrt{2}$ を除いては自然な形に見えるであろう．ただし，これは見かけほど簡単なことではない．実際，

$$\boxed{\tau \text{ の深リーマン予想}} \Rightarrow \boxed{\tau \text{ のリーマン予想}}$$

が証明されている．また，τ のリーマン予想はリーマンゼータ関数のリーマン予想と同様難しい．τ のリーマン予想の証明を持っていると知れれば大騒ぎになってしまうので用心した方が良い．

もちろん，深リーマン予想によれば，

$$\lim_{t \to \infty} \prod_{p \leq t} \frac{p^6 + p^5 - \tau(p)}{p^6}$$

が収束するので，とくに

$$\lim_{p \to \infty} \frac{p^6 + p^5 - \tau(p)}{p^6} = 1$$

でないといけない．これだけでも，深リーマン予想を仮定しないで確認しておこう．

練習問題 2 次を示せ．

(1) $\left(1 - \dfrac{1}{\sqrt{p}}\right)^2 \leqq \dfrac{p^6 + p^5 - \tau(p)}{p^6} \leqq \left(1 + \dfrac{1}{\sqrt{p}}\right)^2.$

(2) $\displaystyle\lim_{p \to \infty} \dfrac{p^6 + p^5 - \tau(p)}{p^6} = 1.$

解 答

(1) ラマヌジャン予想（1974 年ドリーニュが証明）により

$$-2p^{\frac{11}{2}} \leqq \tau(p) \leqq 2p^{\frac{11}{2}}$$

である．したがって，

$$\frac{p^6 + p^5 - \tau(p)}{p^6} \leqq \frac{p^6 + p^5 + 2p^{\frac{11}{2}}}{p^6}$$

$$= 1 + \frac{2}{\sqrt{p}} + \frac{1}{p}$$

$$= \left(1 + \frac{1}{\sqrt{p}}\right)^2.$$

また，
$$\frac{p^6+p^5-\tau(p)}{p^6} \geqq \frac{p^6+p^5-2p^{\frac{11}{2}}}{p^6}$$

$$= 1 - \frac{2}{\sqrt{p}} + \frac{1}{p}$$

$$= \left(1 - \frac{1}{\sqrt{p}}\right)^2.$$

よって，(1) の不等式が示された．

(2) $$\lim_{p\to\infty}\left(1+\frac{1}{\sqrt{p}}\right)^2 = 1 = \lim_{p\to\infty}\left(1-\frac{1}{\sqrt{p}}\right)^2$$

であるから，(1) より

$$\lim_{p\to\infty}\frac{p^6+p^5-\tau(p)}{p^6} = 1$$

がわかる．　　　　　　　　　　　　　　　　　　　　　　(解答終)

7.4 やさしい類似

　前節の深リーマン予想は証明は当面難しすぎるので，練習問題ではやさしいことをやってみよう．

練習問題 3　　次を示せ．

(1) $$\lim_{p\to\infty}\frac{p^{11}+1-\tau(p)}{p^{11}} = 1.$$

(2) $$\lim_{t\to\infty}\prod_{p\leq t}\frac{p^{11}+1-\tau(p)}{p^{11}} = \frac{1}{L(11, \Delta)}.$$

解答

(1) ラマヌジャン予想（1974年ドリーニュが証明）より

$$\frac{p^{11}+1-2p^{\frac{11}{2}}}{p^{11}} \leqq \frac{p^{11}+1-\tau(p)}{p^{11}} \leqq \frac{p^{11}+1+2p^{\frac{11}{2}}}{p^{11}}.$$

したがって,

$$(1-p^{-\frac{11}{2}})^2 \leqq \frac{p^{11}+1-\tau(p)}{p^{11}} \leqq (1+p^{-\frac{11}{2}})^2.$$

よって,

$$\lim_{p\to\infty} \frac{p^{11}+1-\tau(p)}{p^{11}} = 1.$$

(2) 絶対収束する無限積として

$$L(11,\Delta)^{-1} = \prod_p (1-\tau(p)p^{-11}+p^{-11})$$

$$= \prod_p \frac{p^{11}+1-\tau(p)}{p^{11}}. \qquad \text{解答終}$$

同様にして, 絶対収束の範囲内の例:

$$\prod_p \frac{p^7+p^4-\tau(p)}{p^7} = \frac{1}{L(7,\Delta)},$$

$$\prod_p \frac{p^8+p^3-\tau(p)}{p^8} = \frac{1}{L(8,\Delta)},$$

$$\prod_p \frac{p^9+p^2-\tau(p)}{p^9} = \frac{1}{L(9,\Delta)},$$

$$\prod_p \frac{p^{10}+p-\tau(p)}{p^{10}} = \frac{1}{L(10,\Delta)},$$

$$\prod_p \frac{p^{11}+1-\tau(p)}{p^{11}} = \frac{1}{L(11,\Delta)}.$$

ちなみに, $w = 7, 8, 9, 10, 11$ に対して

$$(1-p^{\frac{11}{2}-w})^2 \leqq \frac{p^w+p^{11-w}-\tau(p)}{p^w} \leqq (1+p^{\frac{11}{2}-w})^2$$

より

$$\lim_{p \to \infty} \frac{p^w + p^{11-w} - \tau(p)}{p^w} = 1$$

が成立する.

7.5 重さ 12, 16, 20

これまでは Δ のみを扱ってきたが, 同様にして重さ $k = 12, 16, 20$ の Δ_k を

$$\Delta_{12} = \Delta, \quad \Delta_{16} = \Delta E_4, \quad \Delta_{20} = \Delta E_4^2$$

とする. ここで,

$$E_4(z) = 1 + 240 \sum_{n=1}^{\infty} \sigma_3(n) q^n$$

は重さ 4 のアイゼンシュタイン級数である.

$$E_4(iy) = 1 + 240 \sum_{n=1}^{\infty} \sigma_3(n) e^{-2\pi n y} > 0$$

なので,

$$\begin{cases} \Delta_{12}(iy) = \Delta(iy) > 0, \\ \Delta_{16}(iy) = \Delta(iy) E_4(iy) > 0, \\ \Delta_{20}(iy) = \Delta(iy) E_4^2(iy) > 0 \end{cases}$$

という正値性がわかる.

さて,

$$\Delta_k(z) = \sum_{n=1}^{\infty} \tau_k(n) q^n$$

とおく. このとき,

$$\begin{aligned} L(s, \Delta_k) &= \sum_{n=1}^{\infty} \tau_k(n) n^{-s} \\ &= \prod_p (1 - \tau_k(p) p^{-s} + p^{k-1-2s})^{-1} \end{aligned}$$

となる. さらに, ラマヌジャン予想 $|\tau_k(p)| \leqq 2p^{\frac{k-1}{2}}$ が成立
し, 上の $L(s, \Delta_k)$ は無限和 (ディリクレ級数) も無限積 (オ
イラー積) も $\mathrm{Re}(s) > \dfrac{k+1}{2}$ において絶対収束する.

また, $L(s, \Delta_k)$ は $s \in \mathbb{C}$ 全体で正則となることもわかる.
実際, 保型性を $\begin{pmatrix} a & b \\ c & d \end{pmatrix} \in SL(2, \mathbb{Z})$ に対して

$$\Delta_k\left(\frac{az+b}{cz+d}\right) = (cz+d)^k \Delta_k(z)$$

の形でみたし,

$$\hat{L}(s, \Delta_k) = (2\pi)^{-s} \Gamma(s) L(s, \Delta_k)$$
$$= \int_1^\infty \Delta_k(iy)(y^s + y^{k-s})\frac{dy}{y}$$

がすべての $s \in \mathbb{C}$ に対して成立し, 関数等式

$$\hat{L}(s, \Delta_k) = \hat{L}(k-s, \Delta_k)$$

が成り立つ. さらに, その中心 $s = \dfrac{k}{2}$ における値は

$$\hat{L}\left(\frac{k}{2}, \Delta_k\right) = 2\int_1^\infty \Delta_k(iy)y^{\frac{k}{2}-1}dy > 0$$

であることが正値性 $\Delta_k(iy) > 0$ からわかる. したがって,
$L\left(\dfrac{k}{2}, \Delta_k\right) > 0$ である. $L(s, \Delta_k)$ のリーマン予想 (τ_k のリー
マン予想) は

「$L(s, \Delta_k) = 0 \implies \mathrm{Re}(s) = \dfrac{k}{2}$ または $s = 0, -1, -2, \cdots$」

となる.

7.6 深リーマン予想 τ_{12}, τ_{16}, τ_{20}

今の場合の深リーマン予想は $k = 12, 16, 20$ に対して

$$\lim_{t \to \infty} \prod_{p \leq t} \frac{p^{\frac{k}{2}} + p^{\frac{k}{2}-1} - \tau_k(p)}{p^{\frac{k}{2}}} = \frac{\sqrt{2}}{L\left(\frac{k}{2}, \Delta_k\right)}$$

であり，これから $L(s, \Delta_k)$ のリーマン予想は導くことができる.

練習問題 4　次を示せ：　$\displaystyle\lim_{p \to \infty} \frac{p^{\frac{k}{2}} + p^{\frac{k}{2}-1} - \tau_k(p)}{p^{\frac{k}{2}}} = 1.$

解答　ラマヌジャン予想（1974 年にドリーニュが証明）

$$|\tau_k(p)| \leq 2p^{\frac{k-1}{2}}$$

により

$$\frac{p^{\frac{k}{2}} + p^{\frac{k}{2}-1} - \tau_k(p)}{p^{\frac{k}{2}}} \leq \frac{p^{\frac{k}{2}} + p^{\frac{k}{2}-1} + 2p^{\frac{k-1}{2}}}{p^{\frac{k}{2}}}$$

$$= \left(1 + \frac{1}{\sqrt{p}}\right)^2$$

および

$$\frac{p^{\frac{k}{2}} + p^{\frac{k}{2}-1} - \tau_k(p)}{p^{\frac{k}{2}}} \geq \frac{p^{\frac{k}{2}} + p^{\frac{k}{2}-1} - 2p^{\frac{k-1}{2}}}{p^{\frac{k}{2}}}$$

$$= \left(1 - \frac{1}{\sqrt{p}}\right)^2$$

が成り立つので $p \to \infty$ とすればよい.　　　**解答終**

絶対収束域での結果はやさしい. たとえば,

$$\prod_{p} \frac{p^{k-1} + 1 - \tau(p)}{p^{k-1}} = \frac{1}{L(k-1, \Delta_k)}$$

が成立する.

7.7 重さ 18, 22, 26

このときは， $k = 18, 22, 26$ に対する Δ_k を

$$\begin{cases} \Delta_{18} = \Delta E_6, \\ \Delta_{22} = \Delta E_4 E_6, \\ \Delta_{26} = \Delta E_4^2 E_6 \end{cases}$$

と定める，ただし，

$$E_6(z) = 1 - 504 \sum_{n=1}^{\infty} \sigma_5(n) q^n$$

は重さ 6 のアイゼンシュタイン級数である．さらに，

$$\Delta_k(z) = \sum_{n=1}^{\infty} \tau_k(n) q^n$$

とし，

$$\begin{aligned} L(s, \Delta_k) &= \sum_{n=1}^{\infty} \tau_k(n) n^{-s} \\ &= \prod_p (1 - \tau_k(p) p^{-s} + p^{k-1-2s})^{-1} \end{aligned}$$

とする．

練習問題 5　次を示せ．

(1)　$k = 18, 22, 26$ のとき $\Delta_k(i) = 0$.

(2)　$E_6(i) = 0$.

(3)　$\displaystyle \sum_{n=1}^{\infty} \frac{n^5}{e^{2\pi n} - 1} = \frac{1}{504}$.

解答

(1)　$\Delta_k(z)$ は重さ k の保型形式であるから，$\begin{pmatrix} a & b \\ c & d \end{pmatrix} \in SL(2, \mathbb{Z})$

に対して保型性

117

$$\Delta_k\left(\frac{az+b}{cz+d}\right)=(cz+d)^k\Delta_k(z)$$

をみたす．とくに，$\begin{pmatrix}a & b\\c & d\end{pmatrix}=\begin{pmatrix}0 & -1\\1 & 0\end{pmatrix}$ に対して

$$\Delta_k\left(-\frac{1}{z}\right)=z^k\Delta_k(z).$$

よって，$z=i$ として

$$\Delta_k(i)=i^k\Delta_k(i)=-\Delta_k(i)$$

より $\Delta_k(i)=0$．要点は $\dfrac{k}{2}$ が奇数となることにある．

(2) $E_6(z)$ は重さ 6 の保型形式なので

$$E_6\left(-\frac{1}{z}\right)=z^6E_6(z).$$

よって，$z=i$ に対して

$$E_6(i)=-E_6(i).$$

したがって，$E_6(i)=0$ $(\dfrac{6}{2}=3$ は奇数$)$．

なお，(1) は $\Delta_k(i)$ の表示には $E_6(i)$ が含まれている
ため (2) からもわかる．

(3) $E_6(i)=0$ より

$$1-504\sum_{n=1}^{\infty}\sigma_5(n)e^{-2\pi n}=0.$$

したがって，

$$\sum_{n=1}^{\infty}\sigma_5(n)e^{-2\pi n}=\frac{1}{504}.$$

ここで，

$$\sum_{n=1}^{\infty} \sigma_5(n) e^{-2\pi n} = \sum_{n=1}^{\infty} \left(\sum_{m|n} m^5 \right) e^{-2\pi n}$$

において $n = md$ とおきかえると

$$\sum_{n=1}^{\infty} \sigma_5(n) e^{-2\pi n} = \sum_{d=1}^{\infty} \sum_{m=1}^{\infty} m^5 e^{-2\pi md}$$

$$= \sum_{m=1}^{\infty} \frac{m^5}{e^{2\pi m} - 1}$$

であるから

$$\sum_{m=1}^{\infty} \frac{m^5}{e^{2\pi m} - 1} = \frac{1}{504}. \qquad \boxed{\text{解答終}}$$

この (3) の等式はラマヌジャンが大好きだった等式である.

$\boxed{\textbf{練習問題 6}}$ $\quad y > 1$ のとき $\Delta_k(iy) > 0$ を示せ.

$\boxed{\textbf{解答}}$

$y > 1$ のとき $E_6(iy) > 0$ を示せばよい ($\Delta(iy) > 0$ と $E_4(iy) > 0$ は簡単).

$$E_6(iy) = 1 - 504 \sum_{n=1}^{\infty} \sigma_5(n) e^{-2\pi ny}$$

は $y > 1$ において

$$\frac{d}{dy} E_6(iy) = 1008\pi \sum_{n=1}^{\infty} \sigma_5(n) n e^{-2\pi ny} > 0$$

より狭義単調増加関数である. したがって, $E_6(i) = 0$ より $E_6(iy) > 0$ $(y > 1)$. $\boxed{\text{解答終}}$

さて，$L(s, \Delta_k)$ は $s \in \mathbb{C}$ 全体で正則関数に解析接続され，関数等式 $s \longleftrightarrow k-s$ をみたす．証明は，$L(s, \Delta)$ の場合とほぼ同様であるが，関数等式の細部が異なるため，もう一度やっておこう．

練習問題 7　次を示せ.

(1)　$\hat{L}(s, \Delta_k) = (2\pi)^{-s} \Gamma(s) L(s, \Delta_k)$

とおくと，$\hat{L}(s, \Delta_k)$ は正則関数であって関数等式
$$\hat{L}(k-s, \Delta_k) = -\hat{L}(s, \Delta_k)$$
をみたす.

(2)　$\hat{L}(s, \Delta_k)$ および $L(s, \Delta_k)$ は $s = \dfrac{k}{2}$ において 1 位の零点をもつ.

解答

(1)　
$$\hat{L}(s, \Delta_k) = \int_0^\infty \Delta_k(iy) y^s \frac{dy}{y}$$
$$= \int_1^\infty \Delta_k(iy) y^s \frac{dy}{y} + \int_1^\infty \Delta_k\left(i \frac{1}{y}\right) y^{-s} \frac{dy}{y}$$

において，保型性
$$\Delta_k\left(i \frac{1}{y}\right) = \Delta_k\left(-\frac{1}{iy}\right) = (iy)^k \Delta_k(iy) = -y^k \Delta_k(iy)$$
を用いると，
$$\hat{L}(s, \Delta_k) = \int_1^\infty \Delta_k(iy)(y^s - y^{k-s}) \frac{dy}{y}$$

となる．したがって，$\hat{L}(s, \Delta_k)$ は正則関数で，関数等式をみたす：
$$\hat{L}(k-s, \Delta_k) = -\hat{L}(s, \Delta_k).$$

---

(2) $L(s, \Delta_k) = \dfrac{\hat{L}(s, \Delta_k)}{(2\pi)^{-s}\Gamma(s)}$

であるから，$\hat{L}\left(\dfrac{k}{2}, \Delta_k\right) = 0$, $\hat{L}'\left(\dfrac{k}{2}, \Delta_k\right) > 0$（零でなければよい）を示せばよい．前者は (1) の関数等式において $s = \dfrac{k}{2}$ とすればよい（あるいは，積分表示において $s = \dfrac{k}{2}$ とする）．後者を見るには，$\hat{L}(s, \Delta_k)$ の積分表示から

$$\frac{\hat{L}(s, \Delta_k) - \hat{L}\left(\dfrac{k}{2}, \Delta_k\right)}{s - \dfrac{k}{2}} = \int_1^\infty \Delta_k(iy) y^{\frac{k}{2}} \frac{y^{s-\frac{k}{2}} - y^{\frac{k}{2}-s}}{s - \dfrac{k}{2}} \frac{dy}{y}$$

となる．ここで，$s \longrightarrow \dfrac{k}{2}$ とすれば

$$\hat{L}'\left(\frac{k}{2}, \Delta_k\right) = 2\int_1^\infty \Delta_k(iy) y^{\frac{k}{2}-1}(\log y)dy$$

となり，練習問題 6 を用いると $\hat{L}'\left(\dfrac{k}{2}, \Delta_k\right) > 0$ がわかる．　　　　　（解答終）

τ_k 深リーマン予想を述べる準備が整った．

τ_k の深リーマン予想（$k = 18, 22, 26$）

$$\prod_{p \leqq t} \frac{p^{\frac{k}{2}} + p^{\frac{k}{2}-1} - \tau_k(p)}{p^{\frac{k}{2}}} \sim \frac{e^\gamma \sqrt{2}}{L'\left(\dfrac{k}{2}, \Delta_k\right)} \log t \quad (t \to \infty).$$

この形は $k = 12, 16, 20$ の場合（7.6 節）とは大部違ってい

ることに注意されたい．　$L(s, \Delta_k)$ が中心 $s = \dfrac{k}{2}$ において零

点をもつのかどうか，また，その零点（あるとすれば中心線

$\mathrm{Re}(s) = \dfrac{k}{2}$ 上に乗っているので，"本質的零点"である）の

位数がいくつか，によって深リーマン予想は異ってくるので

ある．深リーマン予想は本質的零点全体の秘密を一身に秘め

た姿である．長い間，ゼータの零点研究者は隔靴掻痒の思

いをしてきたのであるが，深リーマン予想によって，やっと

麻姑掻痒の境地に至ることができたのである．

第8章 "退屈評価"

　本章は"退屈評価"と呼ばれる評価が，深リーマン予想や密度予想から見ると新しい意味を伴って現われてくるということを話したい．ちなみに，奇妙な"退屈評価"という名前は，有名な2人の数論学者であるヴェイユ（A.Weil, 1906年5月6日〜1998年8月6日）とラング（S.Lang, 1927年5月19日〜2005年9月12日）の1954年の共著論文に由来する．著者たち（当時はヴェイユは40代の活躍最中であり，次の年には東京・日光の「整数論国際会議」に来日して大きな影響を与えることになり，ラングは20代のデビュー早々だった）も重要な成果とは思っていなかったはずである．数学の評価も歴史で変わる．

8.1 "退屈評価"

　退屈評価とは"Lang-Weil estimate"と呼ばれるものを指している．$\mathbb{Q}$ 上の代数多様体 X に対して $|X(\mathbb{F}_p)|$ の大きさを主要項の次までについて評価することである．それは，1954年に出版された論文

S.Lang and A.Weil"Numbers of points of varieties in finite fields"American Journal of Mathematics **76**（1954）819 - 827 ［received Nov. 30, 1953］

において証明されている．所属はシカゴ大学となっているが，ラングはプリンストン大学の博士課程（アルティンの指導）を修了したところであり，投稿日（1953 年 11 月 30 日）にはシカゴ大学だったかどうか定かではない．

　なぜ，" 退屈評価 " と言われているかというと，たぶん，ヴェイユ一流の冗談で，名前を並べると "Langweil estimate" になり，ほとんどドイツ語の退屈（Langeweile 直訳 " 長い時間 "）に一致することからである．物理学のビッグバンに関する「アルファ・ベータ・ガンマ理論（$\alpha\beta\gamma$ paper）」は 1948 年 4 月 1 日に出版されていた（γ は指導教授のガモフ）．私などは，Lang-Weil とは分離されているものとは思わず，原論文の著者名も Langweil とずーっと思い込んでしまっていたのだが，この記事を書くに際して原論文を確かめていただき入手したところ，Lang と Weil に分離した名前で論文は出版されているのが本来の形であった．彼らの定理は，ある特殊な状況下で，有限体 $\mathbb{F}_q$ 上の代数多様体 X に対して

$$\left||X(\mathbb{F}_q)|-q^{\dim(X)}\right| \leqq Bq^{\dim(X)-\frac{1}{2}}+Aq^{\dim(X)-1}$$

という評価を与えるというものであり，証明も，次元に関する帰納法（1 次元のときはヴェイユの証明したリーマン予想：1948 年）なので，少なくともヴェイユにとっては良く知っていることばかりの退屈なものだったはずである．ちなみに，引用文献は 5 個あるが，すべてヴェイユの単著論文（本も含む）のみである．その最後は，ヴェイユ予想を提出した

A.Weil"Number of solutions of equations in finite fields"
Bull.AMS **55**（1949）497‐508

である．なお，Lang-Weil の内容に関しては，直接 Lang-Weil を引用してはいないものの（たぶん，Langweil はあたり前すぎるので）セールが講義録（2011 年）で一般化して整理したものがあるので，後で紹介したい．

8.2 τの深リーマン予想

"退屈評価" の核心を見るために，τの深リーマン予想の場合の対応物を思い出しておこう．それは，

$$\lim_{t\to\infty}\prod_{p\leq t}\frac{p^6+p^5-\tau(p)}{p^6}=\frac{\sqrt{2}}{L(6,\Delta)}$$

というものであった．ここで，問題にしたいのは

$$\lim_{p\to\infty}\frac{p^6+p^5-\tau(p)}{p^6}=1$$

の収束の程度であり，つまりは

$$\frac{p^6+p^5-\tau(p)}{p^6}-1$$

を上と下から評価することである．

練習問題 1

$$\frac{p^6+p^5-\tau(p)}{p^6}=1+\frac{b_\tau(p)}{\sqrt{p}}$$

としたとき，評価
$$-2<b_\tau(p)<3$$
を示せ．

解答　ラマヌジャン予想（1974 年にドリーニュが証明）に
より

$$\tau(p) = 2p^{\frac{11}{2}}\cos(\theta(p)),$$
$$\theta(p) \in [0, \pi]$$

と書けるので,

$$\frac{p^6 + p^5 - \tau(p)}{p^6} = 1 + \frac{1}{p} - \frac{2\cos(\theta(p))}{\sqrt{p}}$$

となる. したがって,

$$b_\tau(p) = \frac{1}{\sqrt{p}} - 2\cos(\theta(p))$$

なので,

$$-2 \leqq 2\cos(\theta(p)) \leqq 2$$

より

$$b_\tau(p) \leqq \frac{1}{\sqrt{2}} + 2 < 3,$$
$$b_\tau(p) > -2\cos(\theta(p)) \geqq -2$$

となるので,

$$-2 < b_\tau(p) < 3$$

を得る.　　　　　　　　　　　　　　　　　　**解答終**

　要するに,

$$\frac{p^6 + p^5 - \tau(p)}{p^6} = 1 + \frac{b_\tau(p)}{\sqrt{p}}$$

は, $b_\tau(p)$ が有界であり, その意味で $p \to \infty$ のとき 1 に収
束する様子もわかり, $b_\tau(p)$ が（おおよそ）-2 から $+3$ まで
の間に分布することから

$$\lim_{t \to \infty} \prod_{p \leqq t} \frac{p^6 + p^5 - \tau(p)}{p^6} = \lim_{t \to \infty} \prod_{p \leqq t}\left(1 + \frac{b_\tau(p)}{\sqrt{p}}\right)$$

の収束の程度も，ある程度は，推測することが可能となるのである．

8.3 セールの評価

セールは講義録

$$\text{``Lectures on } N_X(p)\text{''}$$

において，一般的な評価（X は $\mathbb{Q}$ 上の代数多様体）

$$\left| |X(\mathbb{F}_p)| - p^{\dim(X)} \right| \leqq Bp^{\dim(X)-\frac{1}{2}}$$

を証明している．ここで，B は p によらない定数である．また，$N_X(p) = |X(\mathbb{F}_p)|$ がセールの記法である．

なお，この講義録は台湾の新竹市における国家理論科学研究中心（National Center for Theoretical Sciences）における講義をまとめたものである．単行本として出版もされているが，コレージュ・ド・フランスから講義録の PDF を無料でダウンロード可能である．上記の定理は第 7 章（p.88-103）を読んでいただければよい．ただし，セールの講義録では"代数多様体"とは限らない場合の議論にも踏み込んでいるので必要な場合を見極めることも肝要となる．

ここでは，議論の概要を知ってもらうために，非特異射影的な代数多様体の場合（ドリーニュの "Weil I" 1974 年）にしぼって評価を示そう．

これは，合同ゼータ関数

$$\zeta_{X/\mathbb{F}_p}(s) = \exp\left(\sum_{m=1}^{\infty} \frac{|X(\mathbb{F}_{p^m})|}{m} p^{-ms} \right)$$

に対するグロタンディークの行列式表示（SGA5 ; 1965 年）

$$\zeta_{X/\mathbb{F}_p}(s)$$

$$= \prod_{k=0}^{2\dim(X)} \det(I - p^{-s}(\mathrm{Frob}_p \,|\, H^k(X)))^{(-1)^{k+1}}$$

を導くための固定点定理 ($\sigma = \mathrm{Frob}_p$)

$$|\mathrm{Fix}(\sigma)| = |X(\mathbb{F}_p)|$$

$$= \sum_{k=0}^{2\dim(X)} (-1)^k \,\mathrm{trace}(\mathrm{Frob}_p \,|\, H^k)$$

$$= \mathrm{trace}(\mathrm{Frob}_p \,|\, H^{2\dim(X)}) + \sum_{k=0}^{2\dim(X)-1} (-1)^k \,\mathrm{trace}(\mathrm{Frob}_p \,|\, H^k(X))$$

$$= p^{\dim(X)} + \sum_{k=0}^{2\dim(X)-1} (-1)^k \,\mathrm{trace}(\mathrm{Frob}_p \,|\, H^k(X))$$

より

$$|X(\mathbb{F}_p)| - p^{\dim(X)} = \sum_{k=0}^{2\dim(X)-1} (-1)^k \,\mathrm{trace}(\mathrm{Frob}_p \,|\, H^k(X))$$

となるので,

$$\big| |X(\mathbb{F}_p)| - p^{\dim(X)} \big|$$

$$\leqq \sum_{k=0}^{2\dim(X)-1} |\mathrm{trace}(\mathrm{Frob}_p \,|\, H^k(X))| \leqq \sum_{k=0}^{2\dim(X)-1} b_k p^{\frac{k}{2}}$$

と評価する. ただし, $b_k = \dim H^k(X)$ はベッチ数であり, $\mathrm{Frob}_p \,|\, H^k(X)$ の固有値の絶対値は $p^{\frac{k}{2}}$ (ドリーニュ) であることを用いた.

　すると,

$$\big| |X(\mathbb{F}_p)| - p^{\dim(X)} \big| \leqq \sum_{k=0}^{2\dim(X)-1} b_k p^{\dim(X)-\frac{1}{2}}$$

$$= B \; p^{\dim(X)-\frac{1}{2}}$$

とすればよい. ここで,

$$B = \sum_{k=0}^{2\dim(X)-1} b_k$$

である．ちなみに，b_k は基本的に p には依らない．

なお，等式

$$\exp\left(\sum_{m=1}^{\infty} \frac{|X(\mathbb{F}_{p^m})|}{m} u^m\right) = \prod_{k=0}^{2\dim(X)} \det(I - u(\mathrm{Frob}_p \,|\, H^k(X)))^{(-1)^{k+1}}$$

の両辺の対数を取ることによって，

$$\sum_{m=1}^{\infty} \frac{|X(\mathbb{F}_{p^m})|}{m} u^m = \sum_{m=1}^{\infty} \frac{1}{m}\left(\sum_{k=0}^{2\dim(X)} (-1)^k \mathrm{trace}((\mathrm{Frob}_p \,|\, H^k(X))^m)\right) u^m$$

の u^1 の係数を比較すれば，先の固定点定理の等式になる．

さて，セールの評価式は，我々の観点からすると

$$\left|\frac{|X(\mathbb{F}_p)|}{p^{\dim(X)}} - 1\right| \leqq \frac{B}{\sqrt{p}}$$

という簡明な式が有益であり（単に両辺を $p^{\dim(X)}$ で割ったもの），しかも前節の有界性とも結び付き示唆的である．

8.4 退屈変換

我々の観点からすると，

$$\lim_{p \to \infty} \frac{A(p)}{p^d} = 1$$

となる数列 $A(p)$ が与えられたとき（d は"次元"），数列 $b(p)$ に

$$\frac{A(p)}{p^d} = 1 + \frac{b(p)}{\sqrt{p}}$$

と変換したものが興味深いことがわかる．つまり，

$$b(p) = \sqrt{p}\left(\frac{A(p)}{p^d} - 1\right)$$

である. もちろん, 興味の中心は $b(p)$ が有界かどうかであり, セールの評価から

$$A(p) = |X(\mathbb{F}_p)|,$$

$$b(p) = \sqrt{p}\left(\frac{|X(\mathbb{F}_p)|}{p^{\dim(X)}} - 1\right) = b_X(p)$$

と変換すると, $b_X(p)$ は有界 ($|b_X(p)| \leq B$) であることがわかる. しかし, 次に注意.

練習問題 2

$$A(p) = p^d + p^{d-\frac{1}{3}}$$

のとき $b(p)$ は有界でないことを示せ.

解答

$$b(p) = \sqrt{p}\left(\frac{A(p)}{p^d} - 1\right)$$

$$= \sqrt{p}\left(\frac{p^d + p^{d-\frac{1}{3}}}{p^d} - 1\right)$$

$$= p^{\frac{1}{6}}$$

であり,

$$\lim_{p\to\infty} b(p) = \infty$$

より, $b(p)$ は有界ではない. **解答終**

8.5 楕円曲線

$\mathbb{Q}$ 上の楕円曲線 X に対して $b_X(p)$ を求めてみよう.

> **練習問題 3**　p が十分大のとき（p は "good"）
> $$-2 < b_X(p) < 3$$
> を示せ.

解 答

$$A(p) = |X(\mathbb{F}_p)| = p + 1 - a(p)$$

において,

$$a(p) = 2\sqrt{p}\cos(\theta(p)), \quad \theta(p) \in [0, \pi]$$

と書けるので,

$$b_X(p) = \sqrt{p}\left(\frac{A(p)}{p} - 1\right)$$

$$= \frac{1}{\sqrt{p}} - 2\cos(\theta(p)).$$

これは, 練習問題 1 と同じ形の式であり,

$$-2 < b_X(p) < 3$$

を得る. **解答終**

8.6 多項式関数

　$|X(\mathbb{F}_p)| \in \mathbb{Z}[p]$ が p のモニック多項式関数となる場合は, おびただしい数がある（$\mathbb{P}^n$, GL(n),　SL(n), Gr(n, m), $\cdots$）. その場合に $b_X(p)$ を調べよう.

> **練習問題 4**　　$A(p) \in \mathbb{Z}[p]$ がモニック多項式のとき $\lim_{p \to \infty} b(p) = 0$ を示せ. とくに, $b(p)$ は有界である.

解 答

$$A(p) = p^d + \ell d^{d-1} + \cdots$$

とすると

$$\frac{A(p)}{p^d} = 1 + \ell \frac{1}{p} + \cdots$$

であるから

$$b(p) = \frac{\ell}{\sqrt{p}} + O\left(\frac{1}{p\sqrt{p}}\right)$$

となるので

$$\lim_{p \to \infty} b(p) = 0.$$

したがって，$b(p)$ は有界である.　**解答終**

　τ 関数の場合（8.1 節）や楕円曲線の場合（8.5 節）のとき は $\theta(p)$ は "良く" 分布し（佐藤・テイト予想；2011 年に証 明），$\lim_{p \to \infty} b(p) = 0$ とはならない．したがって，多項式関数 のときのように扱いやすくはない．このように，$b(p)$ を見る ことによって，難易度もわかる.

8.7 実例

練習問題 5 次の場合に $b_X(p)$ を求めよ.

(1) $X = \mathbb{P}^n$.

(2) $X = \mathbb{A}^n$.

(3) $X = \mathrm{GL}(1)$.

(4) $X = \mathrm{GL}(2)$.

(5) $X = \mathrm{SL}(2)$.

解答

(1) $X = \mathbb{P}^n$ のとき

$$|X(\mathbb{F}_p)| = p^n + p^{n-1} + \cdots + 1$$

であるから

$$\frac{|X(\mathbb{F}_p)|}{p^n} = 1 + \frac{1}{p} + \frac{1}{p^2} + \cdots + \frac{1}{p^n}$$
$$= 1 + \frac{b_X(p)}{\sqrt{p}},$$
$$b_X(p) = \sqrt{p}\left(\frac{1}{p} + \frac{1}{p^2} + \cdots + \frac{1}{p^n}\right)$$
$$= \frac{1}{\sqrt{p}} \frac{1 - p^{-n}}{1 - p^{-1}} \quad (> 0).$$

(2) $X = \mathbb{A}^n$ のとき

$$|X(\mathbb{F}_p)| = p^n$$

であるから

$$b_X(p) = \sqrt{p}\left(\frac{|X(\mathbb{F}_p)|}{p^n} - 1\right) = 0.$$

(3) $X = \mathrm{GL}(1) = \mathbb{G}_m$ のとき

$$|X(\mathbb{F}_p)| = p - 1$$

であるから

$$\frac{|X(\mathbb{F}_p)|}{p} = \frac{p-1}{p} = 1 - \frac{1}{p} = 1 + \frac{b_X(p)}{\sqrt{p}},$$
$$b_X(p) = -\frac{1}{\sqrt{p}} \quad (< 0).$$

(4) $X = \mathrm{GL}(2)$ のとき

$$|X(\mathbb{F}_p)| = p^4 (1 - p^{-1})(1 - p^{-2})$$

であるから

$$\frac{|X(\mathbb{F}_p)|}{p^4} = (1-p^{-1})(1-p^{-2})$$
$$= 1-p^{-1}-p^{-2}+p^{-3}$$
$$= 1+\frac{b_X(p)}{\sqrt{p}},$$
$$b_X(p) = -\frac{1}{\sqrt{p}}-\frac{1}{p\sqrt{p}}+\frac{1}{p^2\sqrt{p}} \quad (<0).$$

とくに, $b_X(p)<0$.

(5) $X=\mathrm{SL}(2)$ のとき

$$|X(\mathbb{F}_p)| = p^3(1-p^{-2})$$

であるから

$$\frac{|X(\mathbb{F}_p)|}{p^3} = 1-p^{-2} = 1+\frac{b_X(p)}{\sqrt{p}},$$

$$b_X(p) = -\frac{1}{p\sqrt{p}} \quad (<0).$$ 　解答終

[**注 意**] $X=\mathrm{GL}(n),\ \mathrm{SL}(n)$ では (3) ～ (5) と同様に $b_X(p)<0$.

8.8 高次元アーベル多様体

X を g 次元アーベル多様体, p が "good" のとき $|X(\mathbb{F}_p)|$ の公式は既に求めたので, $b_X(p)$ に変換するのは難しくない. 実際,

$$|X(\mathbb{F}_p)| = \prod_{k=1}^{g}(p-2\sqrt{p}\cos(\theta_k(p))+1),$$
$$\theta_k(p)\in[0,\pi]$$

であるから

$$\frac{|X(\mathbb{F}_p)|}{p^g} = \prod_{k=1}^{g}\left(1 - \frac{2\cos(\theta_k(p))}{\sqrt{p}} + \frac{1}{p}\right)$$

$$= 1 + \frac{b_X(p)}{\sqrt{p}}$$

を計算すると $b_X(p)$ は

$$-2(\cos(\theta_1(p)) + \cdots + \cos(\theta_g(p))) + O\left(\frac{1}{\sqrt{p}}\right)$$

となる（最後の O の項は初等的な計算である）．よって，p が十分大のとき，$b_X(p)$ はおおよそ $[-2g, 2g]$ に実質的に分布する．より一層正確には，未だ証明されていない（正確な定式化も成されていない）高次元アーベル多様体の佐藤・テイト予想が必要である．

8.9 セール講義録のすすめ

セール（J.P.Serre；1926 年 9 月 15 日生れ）は今年の誕生日で 96 歳の長老である．1954 年には最年少の 28 歳でフィールズ賞を受賞し，翌 1955 年に東京・日光で開催された整数論国際会議にはヴェイユと参加し，大活躍した．先に引用したセールの講義録は台湾にて 2011 年に行われたものが基本となっていて，その年には 85 歳を迎えるという年齢を全く感じさせない素晴らしいものであり，是非とも一読されたい．

本章の話の中心となるセールの評価は，セール自身の論文

J.P.Serre "Zeta and L functions" [Arithmetical Algebraic Geometry] Harper and Row, New York, **1965**, 82 - 92

にて，ハッセゼータ関数

$$\zeta_X(s) = \prod_{\substack{x \in X \\ \text{閉点}}} (1 - N(x)^{-s})^{-1}$$

は $\mathrm{Re}(s) > \dim(X) - \dfrac{1}{2}$ までは有理型関数として解析接続可能であることの証明に活用していた（講義録 §9.1.7, 系 9.5).

　また, 講義録の最後の第 8 章・第 9 章は佐藤・テイト予想の高次元の場合に踏み込んで詳細に分析している. とくに, ラングランズが

R.P.Langlands"Automorphic representations, Shimura varieties, and motives. Ein Märchen" [Automorphic Forms, Representations and L-Functions] AMS Pure Math. **33**-**II** (**1979**) 205-246

において定式化した"ラングランズガロア群"が必要であることを強調している. このラングランズの論文は, 1977 年頃にはラングランズさんから原稿として独特の字体の手紙とともに直接頂き感激したことを昨日のように思い出す. その論文では, 私が 1976 年 2 月にプリンストンの志村五郎先生に伝えた"ラマヌジャン予想の反例"（次数 2 のジーゲル保型形式の場合）の分析がなされていて, 究極のラングランズガロア群に至る道が記述されていた. 私の論文は 1976 年 3 月にセールさんが京都の国際研究集会に来日された折に, Inventiones Math. への投稿をすすめられ,

N.Kurokawa"Examples of eigenvalues of Hecke operators on Siegel cusp forms of degree two" Inventiones Math. **49** (1978) 149-165

として出版された.

　なお，セール講義録にはラングランズガロア群について，
ラングランズの上記の論文 [La 79] を考察したものとしてアー
サーの今世紀の論文 [Ar 02]

　J.Arthur"A note on the automorphic Langlands group"
　Canad. Math. Bull. **45** (2002) 466 - 482

も引用されている．ちなみに，ラングランズガロア群 Γ と
は $\{\xi_r(s,\rho)\,|\,\rho\in\mathrm{Rep}(\Gamma)\}$ がすべての数論的ゼータ関数を尽
くすような，"究極のガロア群"のことである．

　セール講義録について語り出すと尽きることはないが，
我々の観点から一つの軽い話題（のように見えるもの）を紹
介しておこう．それは，ここで導入した記号では $b_X(p)$ が
0 になっている（あるいは，十分大の p に対して）場合を検
討しているというものである．講義録 §7.2.5 の "affine-
looking schemes" というテーマであり，

$$|X(\mathbb{F}_p)| = p^{\dim(X)}\ (p\ \text{は十分大})$$
$$\Longleftrightarrow |X(\mathbb{F}_{p^2})| = |X(\mathbb{F}_p)|^2\ (p\ \text{は密度 1})$$

という条件を解明している．実際に，$\mathbb{A}^n$ とは同型でない
"affine-looking schemes" の構成法も与えられている．セール
の講義録は 2011 年に行われたものであるが，今世紀の前半
（2050 年まで）の研究テーマとしては事欠くことはない．『徒
然草』98 段には「遁世者（とんせいじゃ）は，なきにことかけぬやうを計らひ
て過ぐる」（世をのがれ仏門に入った者は，何がなくても不自
由しないやり方を見はからって毎日を過ごす）とある．

　セール講義録は，それ一冊を持って数学修行に入るのに格
好のものである．

　もちろん，セール先生は現在も数学道を活発に躍進されて

いる．私は，5 月に『日本学士院紀要 (Proc.Japan Acad.)』
に深リーマン予想に関する論文を出版したのである（p.35‑
39）が，その原稿を arXiv に載せた途端，即日に「1982 年の
ゴールドフェルトの論文（『パリ学士院紀要』の例会にセール
先生が報告したもの）が引用されていないのは何故か？」と
の問いかけがセール先生からメールで来て，驚くとともに喜
んだものである．出版された論文には載っている．

第9章　リーマン作用素

第9章

超リーマン予想の目標のひとつは「リーマン作用素」$\mathcal{R}$ を求めることである．それは，ゼータ関数研究者の夢であるが，ゼータ関数やガンマ因子の行列式表示を与えてくれる作用素（行列）のことである．人工的にいろいろ作ってもおよそ失敗するということを繰り返してきたのが数学史である．合同ゼータ関数のときは，"フロベニウス作用素の対数"が「リーマン作用素」となっていることをグロタンディークが証明して決着した（SGA5, 1965年）．その際に「リーマン作用素」が作用する空間はエタールコホモロジーであった．

本章は，ささやかながら，リーマンゼータ関数あるいはより一般的にデデキントゼータ関数の時に K 群（グロタンディーク群）に作用する「リーマン作用素」を提案しよう．ある意味で，"コロンブスのたまご"と呼ぶにふさわしい．

9.1 グロタンディーク群

グロタンディーク群は1957年のグロタンディークの論文

A.Grothendieck"Classes de faisceaux et théorème de Riemann-Roch"

にはじまる．これは，SGA 6 に収録されていて，出版は
Springer Lecture Notes in Mathematics **225**（1971）20–71
となった．SGA 6 の全体は 700 ページである．

　グロタンディーク群は「K 群」とも呼ばれる．この K とは
ドイツ語の類 Klasse の頭文字 K に由来し，「類群」のことで
ある．数論の古典的研究対象である「（イデアル）類群」を思
い浮かべればよい．

　論文としては，グロタンディークの研究成果を解説した

　　A.Borel and J.-P.Serre"Le théorème de Riemann-Roch,
　　d'après Grothendieck"Bull.Soc.Math.France **86**（1958）
　　97–136

が先に出版されている．数学の場合には解説論文の方が先に
印刷・出版となることは珍しいことではない．特に，原論文
の結果が画期的であるときは "一刻でも早く" という要望が
高まる．

　いずれにせよ，グロタンディーク（1957）とボレル・セ
ール（1958）は「グロタンディークのリーマン・ロッホ定理
（Grothendieck-Riemann-Roch Theorem）」を証明している．
そのために必要なものがグロタンディーク群（Grothendieck
Group）であった．

　後に，グロタンディーク群はクィレン（Daniel Quillen,
1940 年 6 月 22 日 〜 2011 年 4 月 30 日）により高次 K 群
（Higher K groups）$K_n(A)$（A は環あるいは圏）へと拡張さ
れた（$n = 0, 1, 2, \cdots$）．
その観点からはグロタンディーク群は $K_0(A)$ ということに
なる．

9.2 リーマン・ロッホ

リーマン・ロッホの定理は 1 変数代数関数体（$\mathbb{C}$ 上）の場合（それは言葉を変えると「コンパクトリーマン面のリーマン・ロッホの定理」あるいは「代数曲線のリーマン・ロッホの定理」）がリーマン（1826 年 9 月 17 日〜 1866 年 7 月 20 日）とロッホ（1839 年 12 月 9 日〜 1866 年 11 月 21 日）によって確立されたものである．

リーマンの結果（リーマンの不等式）は

B.Riemann"Theorie der Abelschen Functionen"Crelle J.**54**（1857）115–155

に出版され，ロッホはリーマンの不等式に補正項を導入したリーマン・ロッホの定理（等式）を

G.Roch"Ueber die Anzahl der willkurlichen Constanten in algebraischen Functionen"Crelle J.**64**（1865）372–376

に出版した．

その定式化や証明については，現代では日本語を含めて解説本がたくさん出版されているので，参照されたい．なお，そこに出てくる「類群」は「因子類群」である．この記事では K 群上のリーマン作用素を説明するために先を急ごう．

9.3 K 群

K 群については原典

D.Quillen "Higher algebraic K-theory I" pp. 85 - 147, Springer Lecture Notes in Math. **341** (1973) [1972 年のシアトル研究集会の報告集]

から熟読されたい．全体像を知るには，

C.Weibel "The K-book : an introduction to algebraic K-theory" Graduate Studies in Math. **145**, AMS, 2013

には Weibel のホームページの web 版もあって便利であろう．

　なお，ゼータ関数との関連では――ここでは，代数体 K（$\mathbb{Q}$ の有限次拡大体）の整数環 $A = \mathcal{O}_K$ に対する K 群 $K_n(A)$ を考えることにするが―― 環 $\leadsto$ 圏 $\to$ K 群 と学習するのが便利である．具体的には，

$$A \leadsto C = \mathrm{Mod}(A)：有限生成（左）A 加群の圏$$
$$\leadsto K_n(C) (= K_n(A)).$$

さらに圏 C のゼータ関数（黒川）$\zeta_C(s)$ がハッセゼータ関数（デデキントゼータ関数を含む）$\zeta_A(s)$ になっているので，全てを圏 C から見ることができる．

9.4 リーマン作用素

　リーマン作用素とはゼータ関数やガンマ因子をその行列式表示によって表現することができるもののことである．ここでは，$A = \mathcal{O}_K$（K は代数体；$K = \mathbb{Q}$ なら $A = \mathbb{Z}$）としてリ

ーマン作用素 $\mathcal{R}$ を固有値表示により

$$\mathcal{R} \mid K_\tau(A) = \frac{1-\tau}{2}$$

と定める．もっぱら，$\mathbb{C}$ 上の行列式を考えることにするので

$$\mathcal{R} \mid K_\tau(A)_{\mathbb{C}} = \frac{1-\tau}{2}$$

と書いても同じことである．ただし，$\mathbb{C}$ 係数へのテンソル積 $\underset{\mathbb{Z}}{\otimes}\mathbb{C}$ をとっている．ちなみに，一般の環 A に対しては

$$\mathcal{R} \mid K_\tau(A)_{\mathbb{C}} = \frac{\dim(A)-\tau}{2}$$

が良いであろう．

$A = \mathcal{O}_K$ にもどって，ゼータ関数の表記にすると

$$Z(s,\tau;A) = \det((sI-\mathcal{R}) \mid K_\tau(A)_{\mathbb{C}})$$
$$= \left(s - \frac{1-\tau}{2}\right)^{\mathrm{rank}\,K_\tau(A)}$$

となる．また，パラメーター空間 T に対しては

$$Z(s,T;A) = \det\left((sI-\mathcal{R}) \mid \underset{\tau\in T}{\oplus} K_\tau(A)_{\mathbb{C}}\right)$$
$$= \prod_{\tau\in T}\left(s - \frac{1-\tau}{2}\right)^{\mathrm{rank}\,K_\tau(A)}$$

となる．この積はゼータ正規化積である．

9.5 $\mathbb{Z}$ のときの計算

$K = \mathbb{Q}$ のとき（$\mathcal{O}_K = \mathbb{Z}$ のとき）に計算してみよう．このときは $n = 0,1,2,\cdots$ に対して

$$K_n(\mathbb{Z})_{\mathbb{C}} = \begin{cases} \mathbb{C} \cdots n = 0,5,9,13,17,\cdots \Leftrightarrow n = 0 \\ \qquad \text{および } n \geqq 5 \text{ かつ } n \equiv 1 \bmod 4 \\ 0 \cdots \text{その他} \end{cases}$$

となる．たとえば，

> C.Weibel "Algebraic K-theory of rings of integers in local and global fields" (May 7, 2004)

を参照．ただし，$K_n(\mathbb{Z})_{\mathbb{C}}$ の決定自体はボレルにより行なわれていて，たとえば

> A.Borel "Stable real cohomology of arithmetic groups" Ann.Sci.École Norm.Sup. (4) **7** (1974) 235–272

で済んでいた．一般に，$K_n(\mathbb{Z})$ は有限生成アーベル群であることが，クィレンによって証明されていて，

$$K_n(\mathbb{Z}) \cong \mathbb{Z}^{r(n)} \oplus (\text{有限アーベル群})$$

となる．ここで，ボレルの結果は

$$r(n) = \begin{cases} 1 \cdots & n = 0 \text{ または } n \geq 5 \\ & \quad\quad\quad かつ n \equiv 1 \bmod 4 \\ 0 \cdots & \text{その他} \end{cases}$$

ということになる．有限アーベル群の部分の決定は難しく，未解決部分が残っている．

　このようにして，

$$Z(s, n; \mathbb{Z}) = \det((sI - \mathcal{R}) \mid K_n(\mathbb{Z})_{\mathbb{C}})$$

$$= \left(s - \frac{1-n}{2} \right)^{r(n)}$$

$$= \begin{cases} s - \dfrac{1-n}{2} \cdots & n = 0 \text{ または } n \geq 5 \\ & \quad\quad\quad かつ n \equiv 1 \bmod 4 \\ 1 \quad & \cdots \text{その他} \end{cases}$$

と計算できる．

例　$Z(s,0\,;\mathbb{Z})=s-\dfrac{1}{2},$

$Z(s,1\,;\mathbb{Z})=1,$

$Z(s,2\,;\mathbb{Z})=1,$

$Z(s,3\,;\mathbb{Z})=1,$

$Z(s,4\,;\mathbb{Z})=1,$

$Z(s,5\,;\mathbb{Z})=s+2,$

$Z(s,6\,;\mathbb{Z})=1,$

$Z(s,7\,;\mathbb{Z})=1,$

$Z(s,8\,;\mathbb{Z})=1,$

$Z(s,9\,;\mathbb{Z})=s+4,$

$Z(s,10\,;\mathbb{Z})=1.$

練習問題 1　次を計算せよ：
$$\det\Big((sI-\mathcal{R})\Big|_{\underset{n\geq0}{\oplus}K_n(\mathbb{Z})_{\mathbb{C}}}\Big).$$

解答　ゼータ正規化積

$$\Big(s-\frac{1}{2}\Big)\times\prod_{\substack{n\geq5\\n\equiv1\bmod4}}\Big(s-\frac{1-n}{2}\Big)$$
$$=\Big(s-\frac{1}{2}\Big)\exp\Big(-\frac{\partial}{\partial w}\varphi(w,s)\Big|_{w=0}\Big)$$

の計算をすればよい．ここで，

$$\varphi(w,s)=\sum_{\substack{n\geq5\\n\equiv1\bmod4}}\Big(s-\frac{1-n}{2}\Big)^{-w}$$

である．これは，フルビッツゼータ関数によって書くことができ，

$$\varphi(w,s) = 2^{-w} \sum_{k=1}^{\infty} \left(k + \frac{s}{2}\right)^{-w}$$
$$= 2^{-w} \zeta\left(w, 1+\frac{s}{2}\right)$$

となる．ただし，

$$\zeta(w,x) = \sum_{k=0}^{\infty} (k+x)^{-w}$$

が標準的なフルビッツゼータ関数である．レルヒの公式により

$$\prod_{k=0}^{\infty} (k+x) = \exp\left(-\frac{\partial}{\partial w} \zeta(w,x)\Big|_{w=0}\right)$$
$$= \frac{\sqrt{2\pi}}{\Gamma(x)}$$

となることを注意する．

さて，

$$\exp\left(-\frac{\partial}{\partial w} \varphi(w,s)\Big|_{w=0}\right) = 2^{-\frac{s}{2}} \frac{\sqrt{\pi}}{\Gamma(\frac{s}{2}+1)}$$

となる．実際，

$$\varphi(w,s) = 2^{-w} \zeta\left(w, 1+\frac{s}{2}\right)$$

より

$$-\frac{\partial}{\partial w} \varphi(w,s)\Big|_{w=0} = (\log 2)\zeta\left(0, 1+\frac{s}{2}\right) - \frac{\partial}{\partial w} \zeta\left(w, 1+\frac{s}{2}\right)\Big|_{w=0}$$

において

$$\zeta\left(0, 1+\frac{s}{2}\right) = \frac{1}{2} - \left(1+\frac{s}{2}\right)$$
$$= -\frac{s+1}{2}$$

および

$$-\frac{\partial}{\partial w}\zeta\left(w, 1+\frac{s}{2}\right)\bigg|_{w=0} = \log\frac{\sqrt{2\pi}}{\Gamma(\frac{s}{2}+1)}$$

を用いると,

$$\exp\left(-\frac{\partial}{\partial w}\varphi(w, s)\bigg|_{w=0}\right) = 2^{-\frac{s+1}{2}}\frac{\sqrt{2\pi}}{\Gamma(\frac{s}{2}+1)}$$

$$= 2^{-\frac{s}{2}}\frac{\sqrt{\pi}}{\Gamma(\frac{s}{2}+1)}$$

となる.

よって求める答えは

$$\det\left((sI-\mathcal{R})\bigg|_{\underset{n\geq 0}{\oplus}K_n(\mathbb{Z})_{\mathbb{C}}}\right) = \left(s-\frac{1}{2}\right)2^{-\frac{s}{2}}\frac{\sqrt{\pi}}{\Gamma(\frac{s}{2}+1)}$$

である. これを, 通常のガンマ因子の記号

$$\Gamma_{\mathbb{R}}(s) = \pi^{-\frac{s}{2}}\Gamma\left(\frac{s}{2}\right)$$

によって書き直してみると

$$\left(s-\frac{1}{2}\right)\times s^{-1}\Gamma_{\mathbb{R}}(s)^{-1}(\sqrt{2\pi})^{-s}\times 2\pi^{\frac{1}{2}}$$

となる. 計算は簡単である:

$$2^{-\frac{s}{2}}\frac{\sqrt{\pi}}{\Gamma(\frac{s}{2}+1)} = 2^{-\frac{s}{2}}\frac{\sqrt{\pi}}{\frac{s}{2}\Gamma(\frac{s}{2})}$$

$$= 2^{-\frac{s}{2}}\frac{\sqrt{\pi}}{\frac{s}{2}\Gamma_{\mathbb{R}}(s)\pi^{\frac{s}{2}}}$$

$$= s^{-1}2^{1-\frac{s}{2}}\pi^{\frac{1-s}{2}}\Gamma_{\mathbb{R}}(s)^{-1}$$

$$= s^{-1}\Gamma_{\mathbb{R}}(s)^{-1}(\sqrt{2\pi})^{-s}\times 2\pi^{\frac{1}{2}}.$$

(解答終)

9.6 $\mathcal{O}_K$ のときの計算

　一般の代数体 K（$\mathbb{Q}$ の有限次拡大体）のときの計算もまったく同様で，やはりデデキントゼータ関数のガンマ因子がきれいに出てくるので実行してみよう.

練習問題 2　次を計算せよ：
$$\det\!\Big((sI-\mathcal{R})\,\Big|\,\bigoplus_{n\geq 0}K_n(\mathcal{O}_K)_{\mathbb{C}}\Big).$$

解答　ボレルの結果（1974）から

$$K_n(\mathcal{O}_K)_{\mathbb{C}}=\begin{cases}\mathbb{C} & \cdots\ n=0\\ \mathbb{C}^{r_1+r_2-1} & \cdots\ n=1\\ \mathbb{C}^{r_1+r_2} & n>1\,\text{かつ}\,n\equiv 1\ \mathrm{mod}\,4\\ \mathbb{C}^{r_2} & \cdots\ n\equiv 3\ \mathrm{mod}\,4\\ 0 & \cdots\ \text{他(つまり，n は正偶数)}\end{cases}$$

となるのでゼータ正規化積

$$\det\!\Big((sI-\mathcal{R})\,\Big|\,\bigoplus_{n\geq 0}K_n(\mathcal{O}_K)_{\mathbb{C}}\Big)$$
$$=\Big(s-\frac{1}{2}\Big)\times s^{r_1+r_2-1}\times\Big(\prod_{\substack{n>1\\ n\equiv 1\,\mathrm{mod}\,4}}\Big(s-\frac{1-n}{2}\Big)\Big)^{r_1+r_2}$$
$$\times\Big(\prod_{\substack{n\equiv 3\,\mathrm{mod}\,4}}\Big(s-\frac{1-n}{2}\Big)\Big)^{r_2}$$

を計算すればよい. ただし，r_1 は K の実素点の個数であり，r_2 は K の複素素点の個数である. とくに，

$$r_1+2r_2=[K:\mathbb{Q}]$$

は拡大次数となる.

　ゼータ正規化積の計算は

$$\Big(\prod_{\substack{n>1\\ n\equiv 1\,\mathrm{mod}\,4}}\Big(s-\frac{1-n}{2}\Big)\Big)^{r_1+r_2}=\exp\Big(-\frac{\partial}{\partial w}\varphi_1(w,s)\Big|_{w=0}\Big)^{r_1+r_2}$$

および

$$\Big(\prod_{n \equiv 3 \bmod 4} \Big(s - \frac{1-n}{2} \Big) \Big)^{r_2} = \exp \Big(-\frac{\partial}{\partial w} \, \varphi_2 \, (w, s) \Big|_{w=0} \Big)^{r_2}$$

である．このうち，

$$\varphi_1 (w, s) = \sum_{\substack{n > 1 \\ n \equiv \bmod 4}} \Big(s - \frac{1-n}{2} \Big)^{-w} = \varphi(w, s)$$

は練習問題 1 で済んでいる．残るは，

$$\varphi_2 (w, s) = \sum_{n \equiv 3 \bmod 4} \Big(s - \frac{1-n}{2} \Big)^{-w}$$

の場合である．これは $n = 4k + 3$ $(k = 0, 1, 2, \cdots)$ とおきかえる
と

$$\varphi_2 (w, s) = \sum_{k=0}^{\infty} (s + 2k + 1)^{-w}$$

$$= 2^{-w} \sum_{k=0}^{\infty} \Big(k + \frac{s+1}{2} \Big)^{-w}$$

$$= 2^{-w} \zeta \Big(w, \frac{s+1}{2} \Big)$$

となる．

このようにして

$$\det \Big((sI - \mathcal{R}) \Big| \bigoplus_{n \geq 0} K_n (\mathcal{O}_K)_\mathbb{C} \Big)$$

$$= \Big(s - \frac{1}{2} \Big) \times s^{r_1 + r_2 - 1} \times \Big(2^{-\frac{s}{2}} \frac{\sqrt{\pi}}{\Gamma(\frac{s}{2} + 1)} \Big)^{r_1 + r_2} \times \Big(2^{-\frac{s}{2}} \frac{\sqrt{2\pi}}{\Gamma(\frac{s+1}{2})} \Big)^{r_2}$$

$$= \Big(s - \frac{1}{2} \Big) \times s^{r_1 + r_2 - 1} \times \Big(2^{-\frac{s}{2}} \frac{\sqrt{\pi}}{\Gamma(\frac{s}{2} + 1)} \Big)^{r_1}$$

$$\times \Big(2^{-\frac{s}{2}} \frac{\sqrt{\pi}}{\Gamma(\frac{s}{2} + 1)} \cdot 2^{-\frac{s}{2}} \frac{\sqrt{2\pi}}{\Gamma(\frac{s+1}{2})} \Big)^{r_2}$$

$$= \left(s - \frac{1}{2}\right) \times s^{r_1+r_2-1} \times \left(2^{-\frac{s}{2}} \frac{\sqrt{\pi}}{\frac{s}{2} \Gamma\left(\frac{s}{2}\right)}\right)^{r_1}$$

$$\times \left(2^{-\frac{s}{2}} \frac{\sqrt{\pi}}{\frac{s}{2} \Gamma\left(\frac{s}{2}\right)} \cdot 2^{-\frac{s}{2}} \frac{\sqrt{2\pi}}{\Gamma\left(\frac{s+1}{2}\right)}\right)^{r_2}$$

$$= \left(s - \frac{1}{2}\right) \times s^{r_1+r_2-1} \times \left(2^{-\frac{s}{2}} \frac{\sqrt{\pi}}{\frac{s}{2} \Gamma_{\mathbb{R}}(s)\pi^{\frac{s}{2}}}\right)^{r_1}$$

$$\times \left(2^{-\frac{s}{2}} \frac{\sqrt{\pi}}{\frac{s}{2} \Gamma_{\mathbb{R}}(s)\pi^{\frac{s}{2}}} \cdot 2^{-\frac{s}{2}} \frac{\sqrt{2\pi}}{\Gamma_{\mathbb{R}}(s+1)\pi^{\frac{s+1}{2}}}\right)^{r_2}$$

$$= \left(s - \frac{1}{2}\right) \times s^{r_1+r_2-1} \times (2^{-\frac{s}{2}} \pi^{\frac{1-s}{2}} \Gamma_{\mathbb{R}}(s)^{-1})^{r_1}$$

$$\times (2^{-\frac{s}{2}} \pi^{\frac{1-s}{2}} \Gamma_{\mathbb{R}}(s)^{-1} \cdot 2^{-\frac{s}{2}+\frac{1}{2}} \pi^{-\frac{s}{2}} \Gamma_{\mathbb{R}}(s+1)^{-1})^{r_2} \times \left(\frac{s}{2}\right)^{-r_1-r_2}$$

$$= \left(s - \frac{1}{2}\right) \times s^{r_1+r_2-1} \times (\Gamma_{\mathbb{R}}(s)^{r_1} \Gamma_{\mathbb{R}}(s)^{r_2} \Gamma_{\mathbb{R}}(s+1)^{r_2})^{-1}$$

$$\times (2^{-\frac{s}{2}} \pi^{\frac{1-s}{2}})^{r_1} \times (2^{-s+\frac{1}{2}} \pi^{\frac{1}{2}-s})^{r_2} \times \left(\frac{s}{2}\right)^{-r_1-r_2}$$

となるが，ガンマ因子の記号

$$\Gamma_{\mathbb{C}}(s) = 2(2\pi)^{-s} \Gamma(s) = \Gamma_{\mathbb{R}}(s)\Gamma_{\mathbb{R}}(s+1)$$

を導入すると

$$\det\left((sI - \mathcal{R})\Big|_{\underset{n \geq 0}{\oplus} K_n(\mathcal{O}_K)_{\mathbb{C}}}\right)$$

$$= \left(s - \frac{1}{2}\right) \times s^{-1} \times (\Gamma_{\mathbb{R}}(s)^{r_1} \Gamma_{\mathbb{C}}(s)^{r_2})^{-1}$$

$$\times (\sqrt{2\pi})^{-[K:\mathbb{Q}]s} \times 2^{r_1+\frac{3}{2}r_2} \times \pi^{\frac{r_1+r_2}{2}}$$

となる．ここで，$\sqrt{2\pi} = \prod_{n=1}^{\infty} n = \infty!$, $\Gamma_{\mathbb{R}}(s)^{r_1}\Gamma_{\mathbb{C}}(s)^{r_2}$ は標準的なデデ キントゼータ関数のガンマ因子である．また，$r_1 = 1$, $r_2 = 0$ のときは $K = \mathbb{Q}$ という練習問題 1 の場合と一致する．

(解答終)

　デデキントゼータ関数 $\zeta_{\mathcal{O}_K}(s)$（$\mathrm{Spec}(\mathcal{O}_K)$ のハッセゼータ
関数）の関数等式について書いておこう．その関数等式は完
備化

$$\hat{\zeta}_{\mathcal{O}_K}(s) = \zeta_{\mathcal{O}_K}(s)\Gamma_{\mathbb{R}}(s)^{r_1}\Gamma_{\mathbb{C}}(s)^{r_2}$$

に対して

$$\hat{\zeta}_{\mathcal{O}_K}(s)|D_K|^{\frac{s}{2}} = \hat{\zeta}_{\mathcal{O}_K}(1-s)|D_K|^{\frac{1-s}{2}}$$

である．ただし，$D_K = D(K/\mathbb{Q})$ は判別式であり $|D_K|$ はその
絶対値である．なお，$K=\mathbb{Q}$ のときは $\zeta_{\mathbb{Z}}(s)$ はリーマンゼー
タ関数であり，

$$\hat{\zeta}_{\mathbb{Z}}(s) = \zeta_{\mathbb{Z}}(s)\Gamma_{\mathbb{R}}(s)$$

は完備化，関数等式は

$$\hat{\zeta}_{\mathbb{Z}}(s) = \hat{\zeta}_{\mathbb{Z}}(1-s)$$

となる（$D_{\mathbb{Q}}=1$ である）．

9.7 オイラー作用素

　リーマン作用素 $\mathcal{R}$ は，計算を直ちに行うために天下りで
導入したが，オイラー作用素 $\mathcal{E}$ と比較してみると，類似が
わかり良いかも知れない．作用する空間の類似は

$$K_n(\mathcal{O}_K)_{\mathbb{C}} \longleftrightarrow \mathbb{C}x^n$$

$$\bigoplus_{n\geq 0} K_n(\mathcal{O}_K)_{\mathbb{C}} \longleftrightarrow \bigoplus_{n\geq 0} \mathbb{C}x^n = \mathbb{C}[x] \quad 多項式環$$

であり，オイラー作用素 $\mathcal{E}$ は

$$\mathcal{E} = -x\frac{d}{dx}$$

とする．つまり，

$$\mathcal{E}|\mathbb{C}x^n = -n.$$

練習問題 3　次を計算せよ:

$$\det((sI-\mathcal{E})\,|\,\mathbb{C}[x]).$$

解答　ゼータ正規積

$$\prod_{n=0}^{\infty}(s+n) = \exp\left(-\frac{\partial}{\partial w}\,\zeta(w,s)\,\Big|_{w=0}\right)$$

を計算すれば良い．レルヒの公式

$$\prod_{n=0}^{\infty}(s+n) = \frac{\sqrt{2\pi}}{\Gamma(s)}$$

が求める答となる．　　　　　　　　　　　　　　　　　　　**解答終**

9.8 純虚 K 群

　これまでは，通常の高次 K 群 $K_\tau(A)$ の場合（とくに $\tau \in \mathbb{Z}_{\geq 0} \subset \mathbb{R}$）を考察してきたのであるが，$\tau$ を"時間パラメーター"と見ると，物理学における"純虚時間"に対応して，$\tau \in i\mathbb{R}$ の場合にも考えることが期待されよう：純虚 K 群は私の『リーマン予想の 150 年』（岩波書店，2009 年）の 95 ページにある．そのときは

$$\det((sI-\mathcal{R})\,|\,K_\tau(\mathbb{Z})) = \left(s - \frac{1-\tau}{2}\right)^{\mathrm{rank}\,K_\tau(\mathbb{Z})}$$

$$= s - \frac{1-\tau}{2}$$

となるはずであり，その零点は

$$s = \frac{1-\tau}{2} \in \frac{1}{2} + i\mathbb{R}$$

というリーマン予想をみたす．

　ここで，練習問題 1 の背後には $n=1,2,3,\cdots$ に対して

$$\det\big((sI-\mathcal{R})\,\big|\,K_{4n+1}(\mathbb{Z})\big)=s+2n$$

は $s=-2n$ にオイラーの零点を持っていることがあったといということを思い返そう．すると，

$$\det\Big((sI-\mathcal{R}\,)\,\Big|\,\underset{\tau\in i\mathbb{R}}{\oplus}K_\tau(\mathbb{Z})\Big)$$

は実質的に $\hat{\xi}_{\mathbb{Z}}(s)s(s-1)$ となるであろうことが推測される．ここで，$\hat{\xi}_{\mathbb{Z}}(s)=\zeta_{\mathbb{Z}}(s)\Gamma_{\mathbb{R}}(s)$ はリーマンゼータ関数の完備化である．

参考文献として次の $[1][2]$ をあげる：

K 群：純虚 K 群 ＝ 正則形式：波動形式

という類似に注目されたい．

[1] 黒川信重「ゼータ関数の行列式表示とテンソル積」『代数解析学と整数論』数理解析研究所講究録 **810** (1992 年) 305 - 317 [数理解析研究所のホームページから PDF を無料でダウンロード可能]

[2] N.Kurokawa "Special values of Selberg zeta functions" Contemporary Math. **83** (1989) 133 - 150 [1987 年 1 月のハワイの「East-West Center（東西中心）」における「Algebraic K theory and algebraic number theory」の研究集会報告集]

なお，物理学の場合には，$\mathbb{R}\rightsquigarrow i\mathbb{R}$ はウィック回転（Wick rotation）と呼ばれ，

G.C.Wick "Properties of Bethe-Salpeter wave functions" Physical Review **96** (1954) 1124 - 1134

の論文にはじまる．"解析接続"とも理解される．

　ちなみに，Gian Carlo Wick（1909 年 10 月 15 日 〜 1992
年 4 月 20 日）はイタリアのトリノ生れの物理学者であり，
最初のマヨナラ賞の受賞者（1968 年）である．1930 年代の
初期にはハイゼンベルグのところでとても楽しく研究生活を
送ったと伝わっている．

第10章 大域体の深リーマン予想

　深リーマン予想は有理数体上のみで考えるより，一般の大域体上で考えた方のが見通しが良い．しかも，標数正の大域体上における深リーマン予想は完全に証明可能である．リーマン予想が標数正の大域体上では証明されたことは 20 世紀の数学の精華であるが，深リーマン予想まで証明されていることは．それほど知られていないことであろう．このことは十年程昔の

　　黒川信重『リーマン予想の先へ：深リーマン予想』東京
　　図書，2013 年

で済んでいることなのであるが，本書でも明記して解説しておこう．基本的に標数正の大域体上では超リーマン予想が実質的にわかっているのである．つまり，零点・極の実部と虚部をすべて明示することが可能なのである．残る大域体とは標数零の大域体であり，代数体（$\mathbb{Q}$ の有限次拡大）と同じものであり困難で挑戦しがいがある．

10.1 大域体

大域体とは

$$\begin{cases} \cdot \ \mathbb{Q} \ \text{の有限次拡大（標数零）} \\ \cdot \ \mathbb{F}_p(T) \ \text{の有限次拡大（標数正} = p\text{）} \end{cases}$$

のどちらかを指す．標数零の場合が代数体と呼ばれるもので
あって，通常の『数論』は，たいてい，そこで行われる．一
方，標数正の大域体は"関数体"と呼ばれることもあり，
普通の数論入門コースでは省略されることも多い．参考文献
としては

加藤和也・黒川信重・斎藤毅『数論 I 』岩波書店，2005
年

を読んでいただければ，大域体の基本をマスターできる．

K を大域体とすると整数環 $\mathcal{O}_K$ が取れる．たとえば，

$$\begin{cases} \cdot \ K = \mathbb{Q} \ \text{なら} \ \mathcal{O}_K = \mathbb{Z} \\ \cdot \ K = \mathbb{F}_p(T) \ \text{なら} \ \mathcal{O}_K = \mathbb{F}_p[T] \end{cases}$$

が基本例である（さらに，種々の"コンパクト化"をするこ
ともある）．

代表的なゼータ関数は，絶対ガロア群 $\mathrm{Gal}(\overline{K}/K)$ の有限
次元表現（ガロア表現）

$$\rho : \mathrm{Gal}(\overline{K}/K) \longrightarrow \mathrm{GL}(V)$$

に対して定まるゼータ関数（L 関数）

$$L_K(s,\rho) = \prod_{P \in |\mathrm{Spec}(\mathcal{O}_K)|} \det(1 - \rho(\mathrm{Frob}_P)N(P)^{-s})^{-1}$$

である．さらに，ここでは，（期待される）関数等式は
$s \longleftrightarrow 1-s$ とする（適当に s をずらせばそうなる）．中心

$s = \dfrac{1}{2}$ における零点の位数を

$$r = \mathrm{ord}_{s=\frac{1}{2}} L_K(s, \rho) \geqq 0$$

とする（$r = 0$ も可）．さらに，$\rho \neq$ は既約表現と仮定する．正則性も仮定する．

このとき，$L_K(s, \rho)$ の深リーマン予想は次の形になる．

深リーマン予想

$$\lim_{t \to \infty} \frac{\displaystyle\prod_{N(P) \leqq t} (1 - \rho(\mathrm{Frob}_P) N(P)^{-\frac{1}{2}})^{-1}}{(\log t)^{-r}}$$
$$= e^{-r\gamma} \frac{L_K^{(r)}(\frac{1}{2}, \rho)}{r!} (\sqrt{2})^{\varepsilon(\rho)}.$$

ここで，$\gamma = 0.577\cdots$ はオイラー定数，

$$\varepsilon(\rho) = \mathrm{mult}\,(1, \mathrm{Sym}^2(\rho)) - \mathrm{mult}(1, \wedge^2(\rho)) \in \mathbb{Z}$$

は対称テンソル積 $\mathrm{Sym}^2(\rho)$ に出てくる１の重複度と外積 $\wedge^2(\rho)$ に出てくる１の重複度の差である．

たとえば，$K = \mathbb{Q}$ とし，$\mathbb{Q}$ 上の楕円曲線 E に対応する２次元ガロア表現を ρ として，$L(s, E)$ を通常の L 関数（関数等式は $s \leftrightarrow 2-s$, 中心は $s = 1$）としたとき

$$L_{\mathbb{Q}}(s, \rho) = L\left(s + \frac{1}{2}, E\right)$$

に対する深リーマン予想は 1965 年に出版された BSD 予想

$$\prod_{p \leqq t} \frac{|E(\mathbb{F}_p)|}{p} \sim C(\log t)^r \quad (t \to \infty)$$

と同値となる（L 関数の定義に -1 乗が付いている慣習から，値は逆数）：$r = \operatorname{rank} E(\mathbb{Q})$ はモーデル・ヴェイユ群の階数.

先にも述べた通り，深リーマン予想は K の標数が正（つまり，K は $\mathbb{F}_p(T)$ の有限次拡大体）の場合は証明できる：

『リーマン予想の先へ：深リーマン予想』(2013 年).

ここでは，超リーマン予想の観点（つまり，零点・極の実部および虚部の決定）を強調して，深リーマン予想の証明のあらすじを 9.3 節にて解説しよう．その前の 9.2 節ではリーマン予想（今となっては古典的）を簡単に見よう.

10.2 リーマン予想

$L_K(s, \rho)$ に対してはリーマン予想が次の形で証明されている（帰着される）：
$$L_K(s, \rho) = \prod_\alpha (1 - \alpha p^{-s}).$$
ここで，α は $|\alpha| = \sqrt{p}$ をみたす有限個の複素数を動く（Frob_p の固有値になる；つまり，ゼータ関数の行列式表示である）．いま，
$$\alpha = p^{\frac{1}{2} + i\beta} \quad \left(0 \le \beta < \frac{2\pi}{\log p}\right)$$
と書いておく．ちなみに，零点全体は
$$L_K(s, \rho) = 0 \Longleftrightarrow s = \frac{1}{2} + i\left(\beta + \frac{2\pi m}{\log p}\right) \ (m \in \mathbb{Z})$$
となる．この意味では「超リーマン予想」が $L_K(s, \rho)$ に対しては成立しているのである.

さて，等式

$$L_K(s,\rho)=\prod_\alpha(1-\alpha p^{-s})$$

は，次の跡公式と同値である：

跡公式 $m=1,2,3,\cdots$ に対して

$$\sum_{\deg(P)\mid m}\deg(P)\mathrm{tr}(\rho(\mathrm{Frob}_P)^{\frac{m}{\deg(P)}})=-\sum_\alpha\alpha^m.$$

ここで，$N(P)=p^{\deg(P)}$ と書いている.

この等式は，もちろん，"跡公式"として証明すべきことであるが，"確認"するには，$\mathrm{Re}(s)>1$ において対数をとると

$$\log L_K(s,\rho)=\sum_P\sum_{m=1}^\infty\frac{\mathrm{tr}(\rho(\mathrm{Frob}_P)^m)}{m}N(P)^{-ms}$$
$$=\sum_{m=1}^\infty\frac{1}{m}\Big(\sum_{\deg(P)\mid m}\deg(P)\mathrm{tr}(\rho(\mathrm{Frob}_P)^{\frac{m}{\deg(P)}})\Big)p^{-ms}$$

および

$$\log\Big(\prod_\alpha(1-\alpha p^{-s})\Big)=-\sum_\alpha\sum_{m=1}^\infty\frac{\alpha^m}{m}p^{-ms}$$
$$=\sum_{m=1}^\infty\frac{1}{m}\Big(-\sum_\alpha\alpha^m\Big)p^{-ms}$$

を比較すればよい．なお，前者の変形では途中の

$$\sum_P\sum_{m=1}^\infty\frac{\deg(P)\mathrm{tr}(\rho(\mathrm{Frob}_P)^{\frac{m\deg(P)}{\deg(P)}})}{m\deg(P)}p^{-m\deg(P)s}$$

において，$m\deg(P)$ を改めて m としている．（$\deg(P)\mid m$ という条件が付く）.

10.3 深リーマン予想の証明スケッチ （K は正標数）

深リーマン予想を証明するためには

$$\log\Big(\prod_{N(P)\leq t}\det(1-\rho(\mathrm{Frob}_P)N(P)^{-\frac{1}{2}})^{-1}\Big)$$

$$=\sum_{N(P)\leq t}\sum_{m=1}^{\infty}\frac{\mathrm{tr}(\rho(\mathrm{Frob}_P)^m)}{m}N(P)^{-\frac{m}{2}}$$

$$=\mathrm{I}(t)+\mathrm{II}(t)+\mathrm{III}(t),$$

$$\mathrm{I}(t)\;=\sum_{N(P)^m\leq t}\frac{\mathrm{tr}(\rho(\mathrm{Frob}_P)^m)}{m}N(P)^{-\frac{m}{2}},$$

$$\mathrm{II}(t)\;=\frac{1}{2}\sum_{t^{\frac{1}{2}}<N(P)\leq t}\mathrm{tr}(\rho(\mathrm{Frob}_P)^2)N(P)^{-1},$$

$$\mathrm{III}(t)=\sum_{m=3}^{\infty}\frac{1}{m}\sum_{t^{\frac{1}{m}}<N(P)\leq t}\mathrm{tr}(\rho(\mathrm{Frob}_P)^m)N(P)^{-\frac{m}{2}}$$

と分解して，それぞれ $t\to\infty$ の様子を調べる．

まず，$m\geqq 3$ のとき

$$\sum_{P}N(P)^{-\frac{m}{2}}<\infty$$

であることを用いると

$$\lim_{t\to\infty}\mathrm{III}(t)=0$$

とわかる．次に，$\mathrm{II}(t)$ はメルテンス型定理によって，有限次元ガロア表現 R に対して

$$\lim_{t\to\infty}\Big\{\Big(\sum_{N(P)\leq t}\mathrm{tr}(R(\mathrm{Frob}_P))N(P)^{-1}\Big)$$

$$-\mathrm{mult}(\quad,R)\log\log t\Big\}=C(R)$$

が有限値に収束することがわかるので,

$$\mathrm{tr}(\rho(\mathrm{Frob}_P)^2) = \mathrm{tr}(\mathrm{Sym}^2(\rho(\mathrm{Frob}_P))) - \mathrm{tr}(\wedge^2(\rho(\mathrm{Frob}_P)))$$

に注意して

$$\lim_{t \to \infty} \left\{ \left\{ \left(\sum_{N(P) \le t} \mathrm{tr}(\rho(\mathrm{Frob}_P)^2) N(P)^{-1} \right) - \varepsilon(\rho) \log\log t \right\} = C$$

が有限値 C に収束し, 同時に

$$\lim_{t \to \infty} \left\{ \left(\sum_{N(P) \le \sqrt{t}} \mathrm{tr}(\rho(\mathrm{Frob}_P)^2) N(P)^{-1} \right) - \varepsilon(\rho) \log\log \sqrt{t} \right\} = C$$

も同じ値 C に収束することがわかる. よって, 差をとると,

$$\lim_{t \to \infty} \left\{ \left(\sum_{t^{\frac{1}{2}} < N(P) \le t} \mathrm{tr}(\rho(\mathrm{Frob}_P)^2) N(P)^{-1} \right) - \varepsilon(\rho) \log 2 \right\} = 0$$

となる. つまり,

$$\lim_{t \to \infty} \sum_{t^{\frac{1}{2}} < N(P) \le t} \mathrm{tr}(\rho(\mathrm{Frob}_P)^2) N(P)^{-1} = \varepsilon(\rho) \log 2$$

となる. したがって,

$$\lim_{t \to \infty} \mathrm{II}(t) = \frac{1}{2} \varepsilon(\rho) \log 2$$

を得る.

最後に, $\mathrm{I}(t)$ を評価するために, $t = p^n$ $(n \to \infty)$ に対して詳しく見よう(もちろん, $t \to \infty$ に対して調べるという点に関しては, $p^{n-1} < t \le p^n$ に対して $n \to \infty$ の様子を確認すべきであるが, それは読者にまかせよう;ただし, たとえば $\pi_{\mathbb{F}_p[T]}(t)$ に対する"素数定理"の場合には影響は大である;9.5節参照). いま,

$$\mathrm{I}(p^n) = \sum_{m \deg(P) \le n} \frac{\mathrm{tr}(\rho(\mathrm{Frob}_P)^m)}{m} p^{-\frac{m \deg(P)}{2}}$$

において，$m\deg(P)$ を m とおきかえると

$$\mathrm{I}(p^n)=\sum_{m=1}^{n}\frac{1}{m}\Big(\sum_{\deg(P)\mid m}\deg(P)\mathrm{tr}(\rho(\mathrm{Frob}_P)^{\frac{m}{\deg(P)}})\Big)p^{-\frac{m}{2}}$$

を計算することになる．そこで，跡公式

$$\sum_{\deg(P)\mid m}\deg(P)\mathrm{tr}(\rho(\mathrm{Frob}_P)^{\frac{m}{\deg(P)}})=-\sum_{\alpha}\alpha^m$$

を用いると

$$\mathrm{I}(p^n)=-\sum_{m=1}^{n}\frac{1}{m}\Big(\sum_{\alpha}\alpha^m\Big)p^{-\frac{m}{2}}$$

$$=-\sum_{\beta}\sum_{m=1}^{n}\frac{(p^{i\beta})^m}{m}$$

となる．ただし，

$$\alpha^m p^{-\frac{m}{2}}=(\alpha p^{-\frac{1}{2}})^m=(p^{i\beta})^m$$

を使った．

　まず，$r=0$ のとき，つまり，すべて

$$0<\beta<\frac{2\pi}{\log p}$$

のときを扱う．このときは

$$\begin{cases}L_K\Big(\dfrac{1}{2},\rho\Big)=\displaystyle\prod_{\beta}(1-p^{i\beta})\neq 0\\[2mm] |p^{i\beta}|=1,\\[2mm] p^{i\beta}\neq 1\end{cases}$$

に注意する．すると，

$$\lim_{n\to\infty}I(p^n)=-\sum_{\beta}\sum_{m=1}^{\infty}\frac{(p^{i\beta})^m}{m}$$

$$=\log\Big(\prod_{\beta}(1-p^{i\beta})\Big)$$

$$=\log L_K\Big(\frac{1}{2},\rho\Big)$$

となる．したがって，$t \to \infty$ と $p^n \to \infty$ の意味の違いに留意し，

$$\lim_{t \to \infty} \mathrm{I}(t) = \log L_K\left(\frac{1}{2}, \rho\right)$$

を得る．以上 $\mathrm{I}(t)$, $\mathrm{II}(t)$, $\mathrm{III}(t)$ の極限を合わせて，$r = 0$ のときには

$$\lim_{t \to \infty} \prod_{N(P) \le t} \det(1 - \rho(\mathrm{Frob}P)N(P)^{-\frac{1}{2}})^{-1} = L_K\left(\frac{1}{2}, \rho\right)\sqrt{2}^{\,\varepsilon(\rho)}$$

という深リーマン予想が成立することがわかった．

次に，$r \geqq 1$ のときを扱う．このときは，零点の虚部 β のうち r 個が 0 となっていて，残りは $\beta > 0$ となり

$$\mathrm{I}(p^n) = -r\sum_{m=1}^{n} \frac{1}{m} - \sum_{\beta > 0} \sum_{m=1}^{n} \frac{(p^{i\beta})^m}{m}$$

と書くことができる．ここで，

$$\lim_{n \to \infty} \left(\sum_{m=1}^{n} \frac{1}{m} - \log n\right) = \gamma \ （オイラー定数）$$

であるので，

$$\lim_{n \to \infty} \{\mathrm{I}(p^n) + r(\log n + \gamma)\} = \log\Bigl(\prod_{\beta > 0}(1 - p^{i\beta})\Bigr)$$

となる．したがって，$(t \to \infty$ と $p^n \to \infty$ の違いに配慮しつつ$)$

$$\lim_{t \to \infty} \{\mathrm{I}(t) + r(\log\log t + \gamma - \log\log p)\} = \log\Bigl(\prod_{\beta > 0}(1 - p^{i\beta})\Bigr)$$

$$= \log\left(\frac{L_K^{(r)}(\frac{1}{2}, \rho)}{r!(\log p)^r}\right)$$

を得る（9.4 節参照）．この両辺の $\log\log p$ の項は打ち消し合うので，結局，

$$\lim_{t \to \infty} (\mathrm{I}(t) + r \log \log t) = \log\left(\frac{e^{-r\gamma} L_K^{(r)}(\frac{1}{2}, \rho)}{r!} \right)$$

となる．よって，$\mathrm{II}(t), \mathrm{III}(t)$ の極限と合わせて

$$\lim_{t \to \infty} \frac{\displaystyle\prod_{N(P) \leqq t} \det(1 - \rho(\mathrm{Frob}_P) N(P)^{-\frac{1}{2}})}{(\log t)^{-r}} = e^{-r\gamma} \frac{L_K^{(r)}(\frac{1}{2}, \rho)}{r!} \sqrt{2}^{\,\varepsilon(\rho)}$$

となって，$r \geqq 1$ のときも，深リーマン予想が証明されたことになる．

10.4 練習問題

前節で使われた次の計算を確かめよう．

練習問題 1

$$\prod_{\beta > 0} (1 - p^{i\beta}) = \frac{L_K^{(r)}(\frac{1}{2}, \rho)}{r! (\log p)^r}$$

を示せ．

解答

$$L_K(s, \rho) = (1 - p^{\frac{1}{2} - s})^r \cdot \prod_{\beta > 0} (1 - p^{\frac{1}{2} + i\beta - s})$$

であるから

$$L_K(s, \rho) = Z_1(s) Z_2(s),$$
$$Z_1(s) = (1 - p^{\frac{1}{2} - s})^r,$$
$$Z_2(s) = \prod_{\beta > 0} (1 - p^{\frac{1}{2} + i\beta - s})$$

となる．ここで，

$$Z_1(s) = (1 - e^{(\frac{1}{2} - s) \log p})^r$$

は $s = \dfrac{1}{2}$ において r 位の零点を持ち，$Z_2(s)$ は $s = \dfrac{1}{2}$ にお

いては零点を持たないので，

$$L_K^{(r)}\left(\frac{1}{2}, \rho\right) = \left(\frac{d^r}{ds^r} Z_1(s)\right)\Big|_{s=\frac{1}{2}} \times Z_2\left(\frac{1}{2}\right)$$

となる，よって，

$$\left(\frac{d^r}{ds^r}\right) Z_1(s)\Big|_{s=\frac{1}{2}} = r!\,(\log p)^r, \quad Z_2\left(\frac{1}{2}\right) = \prod_{\beta > 0}(1 - p^{i\beta})$$

より

$$L_K^{(r)}\left(\frac{1}{2}, \rho\right) = r!\,(\log p)^r \prod_{\beta > 0}(1 - p^{i\beta})$$

が成立することがわかる． 解答終

練習問題 2

(1) $K = \mathbb{F}_p(T)$ に対するゼータ関数（$\mathcal{O}_K = \mathbb{F}_p[T]$ のゼ
ータ関数）の計算

$$\zeta_K(s) = \prod_P (1 - N(P)^{-s})^{-1}$$

$$= \prod_{n=1}^{\infty}(1 - p^{-ns})^{-\kappa(n)}$$

$$= (1 - p^{1-s})^{-1}$$

を示せ．ここで，$\kappa(n)$ は $\deg(P) = n$ となる P の個数
である．

(2) $\kappa(n) = \dfrac{1}{n}\sum_{m|n}\mu\left(\dfrac{n}{m}\right)p^m$

を示せ．

解答

(1) $\zeta_K(s) = \displaystyle\prod_P (1 - N(P)^{-s})^{-1}$

において，P は $\mathrm{Spec}(\mathbb{F}_p[T])$ の閉点——すなわち，極大イデアル——を動くので，$P = (h)$，h は $\mathbb{F}_p[T]$ の既約モニック多項式となる．よって，$\deg(P) = n$ の P の個数 $\kappa(n)$ は次数 n の既約モニック多項式の個数と一致し，

$$
\begin{aligned}
\zeta_K(s) &= \prod_h (1 - N(h)^{-s})^{-1} \\
&= \prod_h (1 - p^{-\deg(h)s})^{-1} \\
&= \prod_{n=1}^{\infty} (1 - p^{-ns})^{-\kappa(n)}
\end{aligned}
$$

となるので，

$$
\zeta_K(s) = (1 - p^{1-s})^{-1} \iff \prod_{n=1}^{\infty} (1 - u^n)^{\kappa(n)} = 1 - pu \quad (u = p^{-s})
$$

が成立する．そこで，

$$
\prod_{n=1}^{\infty} (1 - u^n)^{\kappa(n)} = 1 - pu
$$

の両辺の対数を比較すると

$$
\begin{aligned}
\log \prod_{n=1}^{\infty} (1 - u^n)^{\kappa(n)} &= -\sum_{n=1}^{\infty} \sum_{m=1}^{\infty} \frac{\kappa(n)}{m} u^{nm} \\
&= -\sum_{m=1}^{\infty} \frac{1}{m} \left(\sum_{n \mid m} n\kappa(n) \right) u^m
\end{aligned}
$$

（ただし，2 行目では nm を m とおきかえて条件 $n \mid m$ を付けた），および

$$\log(1-pu) = -\sum_{m=1}^{\infty} \frac{p^m}{m} u^m$$

より，

$$\sum_{n|m} n\kappa(n) = p^m$$

を示せばよいことになる（"跡公式"である）.

さて，ガロア理論を用いると

$$\prod_{\deg(h)|m} h = T^{p^m} - T$$

であることがわかるので，両辺の次数を比較すると

$$\sum_{\deg(h)|m} \deg(h) = p^m$$

となるが，左辺は

$$\sum_{\deg(h)|m} \deg(h) = \sum_{n|m} n\kappa(n)$$

に他ならない．したがって，

$$\sum_{n|m} n\kappa(n) = p^m$$

となって，

$$\zeta_K(s) = (1 - p^{1-s})^{-1}$$

がわかった.

(2) 上で示した等式

$$\sum_{n|m} n\kappa(n) = p^m$$

をメビウス変換すると

$$n\kappa(n) = \sum_{m|n} \mu\left(\frac{n}{m}\right) p^m$$

となるので,

$$\kappa(n) = \frac{1}{n}\sum_{m|n}\mu\Big(\frac{n}{m}\Big)p^m.$$

なお，メビウス変換とは

$$\sum_{n|m}f(n)=g(m)\Longleftrightarrow f(n)=\sum_{m|n}\mu\Big(\frac{n}{m}\Big)g(m)$$

である.　　　　　　　　　　　　　　　　　　　　　(解答終)

練習問題 2 は基本的にコルンブルムによる合同ゼータ関数のはじまりを扱っている．コルンブルム（1890 年 8 月 23 日〜1914 年 10 月）はゲッティンゲン大学のランダウ教授（1877 年 2 月 14 日–1938 年 2 月 19 日）の下で学位論文に向けて研究を行っていた．コルンブルムは $\mathbb{Z}$ と $\mathbb{F}_p[T]$ の類似に基づき，$\mathbb{Z}$ におけるディリクレの素数定理に対応して $\mathbb{F}_p[T]$ 版を定式化して証明した.

コルンブルムは 1914 年夏に始まった第 1 次世界大戦に志願兵として参戦し，1914 年 10 月に戦死してしまったため，論文出版を自分で行うことはできなかった．コルンブルムの論文は指導教授のランダウの編集により 1919 年に出版された：

H.Kornblum"Über die Primfunktionen in einer arithmetischen Progression"Math.Zeit. **5** (1919) 100–111.

この，コルンブルムの研究は，アルティン，ハッセ，ヴェイユ，グロタンディーク，ドリーニュへと続く合同ゼータ関数論の端緒を与えた.

10.5 標数正での閉点分布の注意点

大域体 K に対して

$$\pi_K(t) = |\{P\,\text{閉点} \mid N(P) \leq t\}|$$

の $t \to \infty$ における挙動は閉点分布の基本的問題である．標数零（つまり，K は代数体）のときは，ランダウ（1903 年）によって

$$\pi_K(t) \sim \frac{t}{\log t} \quad (t \to \infty)$$

という「素数定理」の拡張版が成立することが知られている．

一方，標数正（K は $\mathbb{F}_p(T)$ の有限次拡大体）の場合は同じことは不成立である．たとえば，$K = \mathbb{F}_p(T)$ のときはコルンブルムの研究によって

$$\pi_{\mathbb{F}_p(T)}(t) = \sum_{p^m \leq t} \kappa(m) = \sum_{m=1}^{[\log t/\log p]} \kappa(m),$$

$$\kappa(m) = \frac{1}{m}\sum_{d\mid m} \mu\left(\frac{m}{d}\right)p^d$$

となる．ここで，問題となるのは，たとえば

$$\pi_{\mathbb{F}_p(T)}(p^n) \text{ と } \pi_{\mathbb{F}_p(T)}(p^n-1)$$

は $\dfrac{p^n}{\log(p^n)}$ および $\dfrac{p^n-1}{\log(p^n-1)}$ ほどになるはずであるが，それは有り得ない．実際，

$$\pi_{\mathbb{F}_p(T)}(p^n-1) = \pi_{\mathbb{F}_p(T)}(p^{n-1})$$

である（$\deg(P) < n$ なら $\deg(P) \leq n-1$）ので $\dfrac{p^{n-1}}{\log(p^{n-1})}$ は

$\dfrac{p^n}{\log(p^n)}$ の $\dfrac{1}{p}$ 程度になるはずである．つまり，$\pi_{\mathbb{F}_p(T)}(t)$

は t に関する "不連続度" が大き過ぎるのである.

　ただし, 深リーマ予想の証明 (9.3節) においては $\log \log t$ という量が主題となっていて

$$\log \log(p^n) \sim \log \log(p^{n-1}) \quad (n \to \infty)$$

であり, 問題は起こらない. いずれにしても, 標数正の場合には, 気楽に $t \to \infty$ を扱うべきではない, というのが教訓である.

第11章 リーマン作用素の行列式

リーマン作用素は第9章に登場した．せっかくなので，その行列式の性質を調べておこう．そのときの設定や計算を活用するために，K は有理数体 $\mathbb{Q}$ の有限次拡大体（つまり，K は代数体）とし，$A = \mathcal{O}_K$ を K の整数環とする．たとえば，$K = \mathbb{Q}$ なら $A = \mathbb{Z}$ である．本章は行列式

$$G_K(s) = \det\left((sI - \mathcal{R}) \,\middle|\, \underset{n>1}{\oplus} K_n(A)_{\mathbb{C}}\right)$$

を考える．第9章では，行列式

$$\det\left((sI - \mathcal{R}) \,\middle|\, \underset{n \geq 0}{\oplus} K_n(A)_{\mathbb{C}}\right) = \left(s - \frac{1}{2}\right)s^{r_1 + r_2 - 1} G_K(s)$$

を扱っていたので少しだけ異なるが，結果はここでの形の方が簡単である．いずれにしても，これは実質的に「K のデデキントゼータ関数のガンマ因子の逆数」となっている．

そこで，類似をわかりよくするために，「オイラーのガンマ関数の逆数」を $G(x) = 1/\Gamma(x)$ とおく．良く知られている通り，"周期性" $G(x) = G(x+1)x$ と "反射公式" $G(x)G(1-x) = \sin(\pi x)/\pi$ を持っている．

ここでは，$G_K(s)$ に対する "周期性" と "反射公式" などを調べよう．

11.1　$G_K(s)$

第 9 章の計算から

$$G_K(s) = \left(2^{-\frac{s}{2}} \frac{\sqrt{\pi}}{\Gamma(\frac{s}{2}+1)}\right)^{r_1+r_2} \left(2^{-\frac{s}{2}} \frac{\sqrt{2\pi}}{\Gamma(\frac{s+1}{2})}\right)^{r_2}$$

となることがわかる．少しだけ復習しておこう．クィレンの高次 K 群 $K_n(A)$ に対して，リーマン作用素 $\mathcal{R}$ を

$$\mathcal{R} \mid K_n(A)_{\mathbb{C}} = \frac{1-n}{2}$$

とおき

$$G_K(s) = \det((sI - \mathcal{R}) \mid \underset{n>1}{\oplus} K_n(A)_{\mathbb{C}})$$

$$= \prod_{n>1} \left(s - \frac{1-n}{2}\right)^{\mathrm{rank}\, K_n(A)}$$

$$= \prod_{n>1} \left(\frac{n-1}{2} + s\right)^{\mathrm{rank}\, K_n(A)}$$

を正規積とする．つまり，

$$G_K(s) = \exp\left(-\frac{\partial}{\partial w}\, \varphi(w,s)\Big|_{w=0}\right),$$

$$\varphi(w,s) = \sum_{n>1} \mathrm{rank}\, K_n(A) \left(\frac{n-1}{2} + s\right)^{-w}$$

である．さらに，ボレル（1974 年）の $n>1$ に対する結果

$$\mathrm{rank}\, K_n(A) = \begin{cases} r_1 + r_2 & \cdots\ n \equiv 1 \bmod 4 \\ r_2 & \cdots\ n \equiv 3 \bmod 4 \\ 0 & \cdots\ 他（つまり，n は偶数） \end{cases}$$

を用いることにより（r_1, r_2 は K の実素点，複素素点の個数），

$$\varphi(w,s) = (r_1 + r_2)\varphi_1(w,s) + r_2 \varphi_2(w,s)$$

となる．ここで，

$$\varphi_1(w,s) = \sum_{\substack{n>1 \\ n \equiv 1 \bmod 4}} \left(\frac{n-1}{2} + s \right)^{-w},$$

$$\varphi_2(w,s) = \sum_{n \equiv 3 \bmod 4} \left(\frac{n-1}{2} + s \right)^{-w}$$

である.

このようにして,

$$G_K(s) = \left(\prod_{\substack{n>1 \\ n \equiv 1 \bmod 4}} \left(\frac{n-1}{2} + s \right) \right)^{r_1+r_2} \left(\prod_{n \equiv 3 \bmod 4} \left(\frac{n-1}{2} + s \right) \right)^{r_2}$$

が

$$G_K(s) = \left(2^{-\frac{s}{2}} \frac{\sqrt{\pi}}{\Gamma(\frac{s}{2}+1)} \right)^{r_1+r_2} \left(2^{-\frac{s}{2}} \frac{\sqrt{2\pi}}{\Gamma\left(\frac{s+1}{2}\right)} \right)^{r_2}$$

と計算できる.

ここでは,もう少し変形しよう.

練習問題1 次を示せ.

$$G_K(s) = \left(2^{-\frac{s}{2}} \frac{\sqrt{\pi}}{\Gamma(\frac{s}{2}+1)} \right)^{r_1} \left(\frac{\sqrt{2\pi}}{\Gamma(s+1)} \right)^{r_2}.$$

解答

$$H_1(s) = \prod_{\substack{n>1 \\ n \equiv 1 \bmod 4}} \left(\frac{n-1}{2} + s \right) = 2^{-\frac{s}{2}} \frac{\sqrt{\pi}}{\Gamma(\frac{s}{2}+1)},$$

$$H_2(s) = \prod_{n \equiv 3 \bmod 4} \left(\frac{n-1}{2} + s \right) = 2^{-\frac{s}{2}} \frac{\sqrt{2\pi}}{\Gamma\left(\frac{s+1}{2}\right)}$$

とおくと,

$$G_K(s) = H_1(s)^{r_1+r_2} H_2(s)^{r_2}$$

と得られていたわけである.したがって,

$$G_K(s) = H_1(s)^{r_1} (H_1(s) H_2(s))^{r_2}$$

となるので，

$$H_1(s)H_2(s) = \frac{\sqrt{2\pi}}{\Gamma(s+1)}$$

となることを示せばよい．つまり，

$$\prod_{\substack{n>1 \\ n \equiv 1 \bmod 4}} \left(\frac{n-1}{2}+s\right) \cdot \prod_{n \equiv \bmod 4} \left(\frac{n-1}{2}+s\right)$$

$$= \prod_{m=1}^{\infty} (m+s)$$

を示せば良いことになる．

　実際，右辺はレルヒの公式より

$$\prod_{m=0}^{\infty} (m+s) = \frac{\sqrt{2\pi}}{\Gamma(s)}$$

なので，s を $s+1$ におきかえて，たしかに

$$\prod_{m=1}^{\infty} (m+s) = \frac{\sqrt{2\pi}}{\Gamma(s+1)}$$

となる．

　左辺に関しては，

$$\prod_{\substack{n>1 \\ n \equiv 1 \bmod 4}} \left(\frac{n-1}{2}+s\right) = \prod_{k=1}^{\infty} (2k+s)$$

$$= \exp\left(-\frac{\partial}{\partial w}\sum_{k=1}^{\infty}(2k+s)^{-w}\bigg|_{w=0}\right)$$

となり（$n = 4k+1$, $k \geqq 1$ とおきかえた），

$$\prod_{n \equiv 3 \bmod 4} \left(\frac{n-1}{2}+s\right) = \prod_{\ell=0}^{\infty} (2\ell+1+s)$$

$$= \exp\left(-\frac{\partial}{\partial w}\sum_{\ell=0}^{\infty}(2\ell+1+s)^{-w}\bigg|_{w=0}\right)$$

となる（$n = 4\ell+3$, $\ell \geqq 0$ とおきかえた）．さらに，

$$\sum_{k=1}^{\infty}(2k+s)^{-w}+\sum_{\ell=0}^{\infty}(2\ell+1+s)^{-w}$$

$$=\sum_{\substack{m\geqq 2 \\ \text{偶数}}}(m+s)^{-w}+\sum_{\substack{m\geqq 1 \\ \text{奇数}}}(m+s)^{-w}$$

$$=\sum_{m=1}^{\infty}(m+s)^{-w}$$

が成立することがわかるので,

$$H_1(s)H_2(s)=\frac{\sqrt{2\pi}}{\Gamma(s+1)},$$

$$G_K(s)=G_1(s)^{r_1}G_2(s)^{r_2},$$

$$G_1(s)=2^{-\frac{s}{2}}\frac{\sqrt{\pi}}{\Gamma(\frac{s}{2}+1)}=H_1(s),$$

$$G_2(s)=\frac{\sqrt{2\pi}}{\Gamma(s+1)}=H_1(s)H_2(s)$$

という表示を得る.   解答終

なお, この解答において鍵となる等式

$$H_1(s)H_2(s)=G_2(s)$$

は

$$\Gamma_{\mathbb{R}}(s)\,\Gamma_{\mathbb{R}}(s+1)=\Gamma_{\mathbb{C}}(s)$$

と同値であるし, ガンマ関数の 2 倍角の公式とも同値となっ
ていることを簡単にたしかめることができる (宿題にすすめ
る; 3 月号参照).

11.2 周期性

$G(x) = \dfrac{1}{\Gamma(x)}$ に対する周期性とは等式

$$G(x) = G(x+1)x$$

を言う．このことの $G_K(s)$ 版を考えよう．

練習問題 2　　次を示せ．

$$G_K(s) = G_K(s+2)(s+2)^{r_1}(s+1)^{r_2}(s+2)^{r_2}.$$

解答

明示式（練習問題 1）

$$G_K(s) = \left(2^{-\frac{s}{2}}\frac{\sqrt{\pi}}{\Gamma(\frac{s}{2}+1)}\right)^{r_1}\left(\frac{\sqrt{2\pi}}{\Gamma(s+1)}\right)^{r_2}$$

を用いると，

$$G_K(s+2) = \left(2^{-\frac{s+2}{2}}\frac{\sqrt{\pi}}{\Gamma\left(\frac{s+2}{2}+1\right)}\right)^{r_1}\left(\frac{\sqrt{2\pi}}{\Gamma(s+3)}\right)^{r_2}$$

$$= \left(2^{-\frac{s}{2}}\frac{\sqrt{\pi}}{2\left(\frac{s+2}{2}\right)\Gamma(\frac{s+2}{2})}\right)^{r_1}\times\left(\frac{\sqrt{2\pi}}{(s+2)(s+1)\Gamma(s+1)}\right)^{r_2}$$

$$= (s+2)^{-r_1}(s+1)^{-r_2}(s+2)^{-r_2}G_K(s).$$

ただし，$\Gamma(x+1) = \Gamma(x)x$ を用いた．　　　　**解答終**

　　この解答は $G_K(s)$ の明示式を使っている——

$$G_K(s) = \left(2^{-\frac{s}{2}}\frac{\sqrt{\pi}}{\Gamma(\frac{s}{2}+1)}\right)^{r_1+r_2}\left(2^{-\frac{s}{2}}\frac{\sqrt{2\pi}}{\Gamma\left(\frac{s+1}{2}\right)}\right)^{r_2}$$

を用いても結果は同じ——のであるが，それらを使わない方法も可能であり，説明しよう．それは K 理論の周期性

$$\operatorname{rank} K_n(A) = \operatorname{rank} K_{n+4}(A)$$

を用いるのである.

まず, 定義

$$G_K(s) = \prod_{n>1} \left(\frac{n-1}{2} + s \right)^{\operatorname{rank} K_n(A)}$$

より

$$G_K(s+2) = \prod_{n>1} \left(\frac{n-1}{2} + s + 2 \right)^{\operatorname{rank} K_n(A)}$$

$$= \prod_{n>1} \left(\frac{(n+4)-1}{2} + s \right)^{\operatorname{rank} K_n(A)}$$

となるので, K 理論の周期性

$$\operatorname{rank} K_n(A) = \operatorname{rank} K_{n+4}(A)$$

を用いて,

$$G_K(s+2) = \prod_{n>1} \left(\frac{(n+4)-1}{2} + s \right)^{\operatorname{rank} K_{n+4}(A)}$$

$$= \prod_{n>5} \left(\frac{n-1}{2} + s \right)^{\operatorname{rank} K_n(A)}$$

となる. よって,

$$\operatorname{rank} K_3(A) = r_2,$$
$$\operatorname{rank} K_5(A) = r_1 + r_2$$

に注意して,

$$G_K(s) = G_K(s+2) \times \left(\frac{3-1}{2} + s \right)^{\operatorname{rank} K_3(A)}$$

$$\times \left(\frac{5-1}{2} + s \right)^{\operatorname{rank} K_5(A)}$$

$$= G_K(s+2)(s+1)^{r_2}(s+2)^{r_1+r_2}$$

が成立する.

11.3 反射公式

$G(x) = \dfrac{1}{\Gamma(x)}$ としたとき，反射公式

$$G(x)G(1-x) = \frac{\sin(\pi x)}{\pi}$$

が成立する．このことの $G_K(s)$ 版を考えよう．

練習問題 3　次を示せ．
$$G_K(s)G_K(-s)$$
$$= \left(\frac{2}{s}\sin\left(\frac{\pi s}{2}\right)\right)^{r_1}\left(\frac{2}{s}\sin(\pi s)\right)^{r_2}.$$

解答　練習問題 1 の明示式

$$G_K(s) = \left(2^{-\frac{s}{2}}\frac{\sqrt{\pi}}{\Gamma(\frac{s}{2}+1)}\right)^{r_1}\left(\frac{\sqrt{2\pi}}{\Gamma(s+1)}\right)^{r_2}$$

を用いると，

$$G_K(-s) = \left(2^{\frac{s}{2}}\frac{\sqrt{\pi}}{\Gamma(-\frac{s}{2}+1)}\right)^{r_1}\left(\frac{\sqrt{2\pi}}{\Gamma(-s+1)}\right)^{r_2}$$

となり，それらを掛けて，

$$G_K(s)G_K(-s)$$
$$= \left(\frac{\pi}{\frac{s}{2}\,\Gamma(\frac{s}{2})\Gamma(-\frac{s}{2}+1)}\right)^{r_1}\left(\frac{2\pi}{s\Gamma(s)\Gamma(1-s)}\right)^{r_2}$$

となる．ただし，$\Gamma(1+x) = \Gamma(x)x$ を用いた．したがって，反射公式

$$\frac{\pi}{\Gamma(x)\Gamma(1-x)} = \sin(\pi x)$$

を使うと

178

$$G_K(s)G_K(-s) = \left(\frac{2}{s}\sin\left(\frac{\pi s}{2}\right)\right)^{r_1}\left(\frac{2}{s}\sin(\pi s)\right)^{r_2}$$

を得る.

(解答終)

なお,明示式

$$G_K(s) = \left(2^{-\frac{s}{2}}\frac{\sqrt{\pi}}{\Gamma(\frac{s}{2}+1)}\right)^{r_1+r_2}\left(2^{-\frac{s}{2}}\frac{\sqrt{2\pi}}{\Gamma\left(\frac{s+1}{2}\right)}\right)^{r_2}$$

を用いても,もちろん,同じ結果になる.念のため主な変形をたしかめてみると,

$$G_K(-s) = \left(2^{\frac{s}{2}}\frac{\sqrt{\pi}}{\Gamma(-\frac{s}{2}+1)}\right)^{r_1+r_2}\left(2^{\frac{s}{2}}\frac{\sqrt{2\pi}}{\Gamma\left(\frac{-s+1}{2}\right)}\right)^{r_2}$$

より

$$G_K(s)G_K(-s)$$

$$= \left(2^{-\frac{s}{2}}\frac{\sqrt{\pi}}{\Gamma(\frac{s}{2}+1)}\cdot 2^{\frac{s}{2}}\frac{\sqrt{\pi}}{\Gamma(-\frac{s}{2}+1)}\right)^{r_1+r_2}$$

$$\times\left(2^{-\frac{s}{2}}\frac{\sqrt{2\pi}}{\Gamma(\frac{s+1}{2})}\cdot 2^{\frac{s}{2}}\frac{\sqrt{2\pi}}{\Gamma(\frac{-s+1}{2})}\right)^{r_2}$$

$$= \left(\frac{\pi}{\Gamma(\frac{s}{2})\Gamma(1-\frac{s}{2})\frac{s}{2}}\right)^{r_1+r_2}\times\left(\frac{2\pi}{\Gamma(\frac{s+1}{2})\Gamma(\frac{-s+1}{2})}\right)^{r_2}$$

$$= \left(\frac{2}{s}\sin\left(\frac{\pi s}{2}\right)\right)^{r_1+r_2}\left(2\sin\frac{\pi(s+1)}{2}\right)^{r_2}$$

$$= \left(\frac{2}{s}\sin\left(\frac{\pi s}{2}\right)\right)^{r_1+r_2}\left(2\cos\frac{\pi s}{2}\right)^{r_2}$$

$$= \left(\frac{2}{s}\sin\left(\frac{\pi s}{2}\right)\right)^{r_1}\left(\frac{2}{s}\sin\left(\frac{\pi s}{2}\right)\cdot 2\cos\left(\frac{\pi s}{2}\right)\right)^{r_2}$$

$$= \left(\frac{2}{s}\sin\left(\frac{\pi s}{2}\right)\right)^{r_1}\left(\frac{2}{s}\sin(\pi s)\right)^{r_2}$$

となる.ただし,最後に2倍角の公式を用いた.

11.4 代数性

代数的数全体の体を $\overline{\mathbb{Q}}$ と書く．有名な代数的数には $a \in \mathbb{Q}^\times$ に対する

$$\frac{\sin(\pi a)}{a} \in \overline{\mathbb{Q}}$$

がある（実質的に，円分数あるいはその実部）．$G_K(s)$ 版は次の通り．

練習問題 4　$a \in \mathbb{Q}^\times$ に対して次を示せ．

$$G_K(a)\,G_K(-a) \in \overline{\mathbb{Q}}.$$

解答

$G_K(s)$ の反射公式（練習問題 3）より

$$G_K(a)\,G_K(-a) = \left(\frac{2}{a}\sin\left(\frac{\pi a}{2}\right)\right)^{r_1}\left(\frac{2}{a}\sin(\pi a)\right)^{r_2}$$

となるので

$$\frac{\sin(\pi a)}{a} \in \overline{\mathbb{Q}}$$

より

$$G_K(a)\,G_K(-a) \in \overline{\mathbb{Q}}$$

とわかる．　　　　　　　　　　　　　　　　　　　　**解答終**

11.5 超越性

超越性——ここでは超越数がどうか見たいが——は一般に難しい問題であるが，比較的に困難なく（知られている結果を使うことによって）示すことができるものをあげよう．

> **練習問題 5** $G_K(0)$ は超越数であることを示せ.

解答 明示式

$$G_K(s) = \left(2^{-\frac{s}{2}} \frac{\sqrt{\pi}}{\Gamma\left(\frac{s}{2}+1\right)}\right)^{r_1} \left(\frac{\sqrt{2\pi}}{\Gamma(s+1)}\right)^{r_2}$$

より

$$G_K(0) = \left(\frac{\sqrt{\pi}}{\Gamma(1)}\right)^{r_1} \left(\frac{\sqrt{2\pi}}{\Gamma(1)}\right)^{r_2}$$

$$= \pi^{\frac{r_1}{2}} (2\pi)^{\frac{r_2}{2}} = \pi^{\frac{r_1+r_2}{2}} 2^{\frac{r_2}{2}}.$$

ここで,π は超越数であり(リンデマンの定理),$r_1+r_2 \geqq 1$ なので,$G_K(0)$ は超越数である. **解答終**

なお,もちろん

$$G_K(s) = \left(2^{-\frac{s}{2}} \frac{\sqrt{\pi}}{\Gamma\left(\frac{s}{2}+1\right)}\right)^{r_1+r_2} \left(2^{-\frac{s}{2}} \frac{\sqrt{2\pi}}{\Gamma\left(\frac{s+1}{2}\right)}\right)^{r_2}$$

という明示式を用いることもできる.このときは,

$$G_K(0) = \left(\frac{\sqrt{\pi}}{\Gamma(1)}\right)^{r_1+r_2} \left(\frac{\sqrt{2\pi}}{\Gamma\left(\frac{1}{2}\right)}\right)^{r_2}$$

$$= (\sqrt{\pi})^{r_1+r_2} \left(\frac{\sqrt{2\pi}}{\sqrt{\pi}}\right)^{r_2}$$

$$= \pi^{\frac{r_1+r_2}{2}} 2^{\frac{r_2}{2}}$$

となって,$G_K(0) \notin \overline{\mathbb{Q}}$ がわかる.

練習問題 6 チュドノフスキーの定理より「π と $\Gamma\left(\dfrac{1}{3}\right)$ は代数的独立」および「π と $\Gamma\left(\dfrac{1}{4}\right)$ は代数的独立」が知られている.

(1) K が総虚(つまり, $r_1=0$)ならば $G_K\left(\dfrac{1}{3}\right)$ と $G_K\left(-\dfrac{1}{3}\right)$ は超越数であることを示せ.

(2) K が非総虚(つまり, $r_1\geqq 1$)ならば $G_K\left(\dfrac{1}{2}\right)$ と $G_K\left(-\dfrac{1}{2}\right)$ は超越数であることを示せ.

解答

(1) $r_1=0$ とする. すると, $r_2\geqq 1$ である($r_1+2r_2=[K:\mathbb{Q}]$ であるから $r_2=[K:\mathbb{Q}]/2$). このとき, $G_K(s)$ の明示式(練習問題 1)より

$$G_K\left(\frac{1}{3}\right)=\left(\frac{\sqrt{2\pi}}{\Gamma\left(\frac{1}{3}+1\right)}\right)^{r_2}$$
$$=\left(\frac{\sqrt{2\pi}}{\frac{1}{3}\Gamma\left(\frac{1}{3}\right)}\right)^{r_2}$$
$$=(3\sqrt{2})^{r_2}\cdot\left(\frac{\sqrt{\pi}}{\Gamma\left(\frac{1}{3}\right)}\right)^{r_2}$$

となる. このうち

$\dfrac{\sqrt{\pi}}{\Gamma\left(\frac{1}{3}\right)}$ はチュドノフスキーの定理(π と $\Gamma\left(\dfrac{1}{3}\right)$ は代数的独立)から超越数である. よって, $G_K\left(\dfrac{1}{3}\right)$ は超越数である.

まったく同様に,

$$G_K\left(-\frac{1}{3}\right) = \left(\frac{\sqrt{2\pi}}{\Gamma\left(-\frac{1}{3}+1\right)}\right)^{r_2}$$

$$= \left(\frac{\sqrt{2\pi}\,\Gamma\left(\frac{1}{3}\right)}{\Gamma\left(-\frac{1}{3}+1\right)\Gamma\left(\frac{1}{3}\right)}\right)^{r_2}$$

$$= \left(\sqrt{2\pi}\,\Gamma\left(\frac{1}{3}\right)\frac{\sin\left(\frac{\pi}{3}\right)}{\pi}\right)^{r_2}$$

$$= \left(\frac{\Gamma\left(\frac{1}{3}\right)}{\sqrt{\pi}}\right)^{r_2}\cdot\left(\sqrt{\frac{3}{2}}\right)^{r_2} \in \overline{\mathbb{Q}}.$$

なお，練習問題 4（およびその解答）の通り

$$G_K\left(\frac{1}{3}\right)G_K\left(-\frac{1}{3}\right) = 3^{\frac{3}{2}r_2} \in \overline{\mathbb{Q}}.$$

(2) $r_1 \geqq 1$ であることに注意すると，$G_K(s)$ の明示式

$$G_K(s) = \left(2^{-\frac{s}{2}}\frac{\sqrt{\pi}}{\Gamma\left(\frac{s}{2}+1\right)}\right)^{r_1}\left(\frac{\sqrt{2\pi}}{\Gamma(s+1)}\right)^{r_2}$$

より（$r_2 = 0$ かも知れないが）

$$G_K\left(\frac{1}{2}\right) = \left(2^{-\frac{1}{4}}\frac{\sqrt{\pi}}{\Gamma\left(\frac{1}{4}+1\right)}\right)^{r_1}\left(\frac{\sqrt{2\pi}}{\Gamma\left(\frac{1}{2}+1\right)}\right)^{r_2}$$

となる．ここで，

$$\left(2^{-\frac{1}{4}}\frac{\sqrt{\pi}}{\Gamma\left(\frac{1}{4}+1\right)}\right)^{r_1} = \left(2^{-\frac{1}{4}}\frac{\sqrt{\pi}}{\frac{1}{4}\Gamma\left(\frac{1}{4}\right)}\right)^{r_1}$$

$$= \left(2^{\frac{7}{4}}\cdot\frac{\sqrt{\pi}}{\Gamma\left(\frac{1}{4}\right)}\right)^{r_1}$$

$$= 2^{\frac{7}{4}r_1}\cdot\left(\frac{\sqrt{\pi}}{\Gamma\left(\frac{1}{4}\right)}\right)^{r_1}$$

はチュドノフスキーの定理「π と $\Gamma\left(\frac{1}{4}\right)$ は代数的独立」より

超越数であり,

$$\left(\frac{\sqrt{2\pi}}{\Gamma\left(\frac{1}{2}+1\right)}\right)^{r_2} = \left(\frac{\sqrt{2\pi}}{\frac{1}{2}\,\Gamma\left(\frac{1}{2}\right)}\right)^{r_2}$$

$$= (2\sqrt{2})^{r_2}$$

は 0 で な い 代 数 的 数 な の で, $G_K\left(\dfrac{1}{2}\right) \in \overline{\mathbb{Q}}$ が わ か る. $G_K\left(-\dfrac{1}{2}\right) \in \overline{\mathbb{Q}}$ お よ び $G_K\left(\dfrac{1}{2}\right)G_K\left(-\dfrac{1}{2}\right) \in \overline{\mathbb{Q}}$ の 計算 も 同様で ある.

〔解答終〕

11.6 ガンマ因子と絶対ゼータ関数

$G_K(s)$ の周期性（11.2 節）は

$$\frac{G_K(s)}{G_K(s+2)} = (s+1)^{r_2}(s+2)^{r_1+r_2}$$

となっていて, この右辺（多項式）を $Z(s)$ と書けば, $Z(s)$ はゼータ関数の一種と考えられる. しかも,

$$Z(s) = \det((sI - \mathcal{R}) \mid K_3(A)_\mathbb{C} \oplus K_5(A)_\mathbb{C})$$

というリーマン作用素の行列式となっている.

さらに, 驚くべきことに, 次章に詳しく話す通り

$$G_K(s)^{-1} = \zeta_\mathbb{R}(s+2)^{r_1}\zeta_\mathbb{C}(s+1)^{r_2}$$

という絶対ゼータ関数から極めて単純な等式が成立する. ただし,

$$\zeta_\mathbb{R}(s) = \frac{\Gamma(\frac{s}{2})}{\sqrt{2\pi}}2^{\frac{s-1}{2}}, \quad \zeta_\mathbb{C}(s) = \zeta_\mathbb{R}(s)\zeta_\mathbb{R}(s+1)$$

$$\left[\frac{1}{1-x^{-1}} \text{ に対応する絶対ゼータ}\right]$$

である : $\zeta_\mathbb{C}(s) = \dfrac{\Gamma(s)}{\sqrt{2\pi}}$. 絶対ゼータ関数論は真実を見通す のに良い.

第12章　リーマン作用素と絶対数学

リーマン作用素の行列式 $G_K(s)$ を前章で考察した．その結果

$$G_K(s)^{-1} = \zeta_{\mathbb{R}}(s+2)^{r_1}\,\zeta_{\mathbb{C}}(s+1)^{r_2}$$

という実に簡単な結論に至ることになったのであるが，絶対数学の部分がやや駆け足であったため，その点を中心に補充しよう．リーマン作用素と絶対数学は相性が良いのである．

12.1 絶対ゼータ関数

絶対ゼータ関数論の基本は,「絶対保型形式」と呼ばれる関数

$$f : \mathbb{R}_{>0} \longrightarrow \mathbb{C} \cup \{\infty\}$$

からはじまる．絶対保型性とは変換公式

$$f\left(\frac{1}{x}\right) = Cx^{-D}f(x)$$

をみたすことである（$D \in \mathbb{Z}$ は"重さ"，$C = \pm 1$ は"符号"）．$f(x)$ の"解析性"については適当な普通の条件を仮定すればよいので，ここでは触れない．

このとき,「絶対フルビッツゼータ関数」

$$Z_f(w,s) = \frac{1}{\Gamma(w)} \int_1^\infty f(x) x^{-s-1} (\log x)^{w-1} dx$$

を,まず,作る.w について解析接続を行った後に $w=0$ における(偏)微分を計算して「絶対ゼータ関数」$\zeta_f(s)$ を

$$\zeta_f(s) = \zeta_{f/\mathbb{F}_1}(s) = \exp\left(\frac{\partial}{\partial w} Z_f(w,s)\Big|_{w=0}\right)$$

と構成する.

なお,絶対ゼータ関数論については,既に充分な解説があり,とくに

黒川信重『絶対ゼータ関数論』岩波書店,2016 年

黒川信重『リーマンの夢』現代数学社,2017 年

黒川信重『オイラーのゼータ関数論』現代数学社,2018 年

を熟読されたい.

本章の話で必要な絶対ゼータ関数は $\zeta_{\mathbb{C}}(s)$(練習問題 1)と $\zeta_{\mathbb{R}}(s)$(練習問題 2)である.

練習問題 1

$$f_{\mathbb{C}}(x) = \frac{1}{1-x^{-1}} \quad (x>0)$$

および

$$\zeta_{\mathbb{C}}(s) = \zeta_{f_{\mathbb{C}}/\mathbb{F}_1}(s)$$

とする.次を示せ.

(1) $f_{\mathbb{C}}(x)$ は絶対保型形式となる.

(2) $Z_{f_{\mathbb{C}}}(w,s) = \displaystyle\sum_{n=0}^\infty (n+s)^{-w}$.

(3) $\zeta_{\mathbb{C}}(s) = \left(\displaystyle\prod_{n=0}^\infty (n+s)\right)^{-1} = \dfrac{\Gamma(s)}{\sqrt{2\pi}}$.

解答

(1) $f_{\mathbb{C}}\left(\dfrac{1}{x}\right) = \dfrac{1}{1-x} = -\dfrac{x^{-1}}{1-x^{-1}} = Cx^{-D}f(x)$

が $C = -1$, $D = 1$ に対して成立するのでよい.

(2) $x > 1$ において

$$f_{\mathbb{C}}(x) = \sum_{n=0}^{\infty} x^{-n}$$

となることから

$$\begin{aligned}
Z_{f_{\mathbb{C}}}(w,s) &= \frac{1}{\Gamma(w)}\int_1^{\infty}\left(\sum_{n=0}^{\infty} x^{-n}\right)x^{-s-1}(\log x)^{w-1}dx \\
&= \sum_{n=0}^{\infty}\frac{1}{\Gamma(w)}\int_1^{\infty} x^{-n-s-1}(\log x)^{w-1}dx \\
&= \sum_{n=0}^{\infty}(n+s)^{-w}.
\end{aligned}$$

ただし,

$$\frac{1}{\Gamma(w)}\int_1^{\infty} x^{-n-s-1}(\log x)^{w-1}dx = (n+s)^{-w}$$

は $x = e^t$ と置き換えてみると

$$\frac{1}{\Gamma(w)}\int_0^{\infty} e^{-(n+s)t}t^{w-1}dt = (n+s)^{-w}$$

と同じことであり, これは良く知られた積分変換 (ガンマ関数の積分表示) である.

(3) フルビッツゼータ関数に対するレルヒの公式より (2) から従う.

解答終

練習問題 2

$$f_{\mathbb{R}}(x) = \frac{1}{1-x^{-2}} \quad (x > 0)$$

および

$$\zeta_{\mathbb{R}}(s) = \zeta_{f_{\mathbb{R}/\mathbb{F}_1}}(s)$$

とする. 次を示せ.

(1) $f_{\mathbb{R}}(x)$ は絶対保型形式となる.

(2) $Z_{f_{\mathbb{R}}}(w, s) = \displaystyle\sum_{n=0}^{\infty} (2n+s)^{-w}$.

(3) $\zeta_{\mathbb{R}}(s) = \left(\displaystyle\prod_{n=0}^{\infty} (2n+s) \right)^{-1} = \dfrac{\Gamma(\frac{s}{2})}{\sqrt{2\pi}} 2^{\frac{s-1}{2}}$

解答

(1) $f_{\mathbb{R}}\left(\dfrac{1}{x} \right) = \dfrac{1}{1-x^2} = -\dfrac{x^{-2}}{1-x^{-2}} = Cx^{-D} f(x)$

　　が $C = -1$, $D = 2$ に対して成立するのでよい.

(2) $x > 1$ において

$$f_{\mathbb{R}}(x) = \sum_{n=0}^{\infty} x^{-2n}$$

　　となることから

$$\begin{aligned}
Z_{f_{\mathbb{R}}}(w, s) &= \frac{1}{\Gamma(w)} \int_1^{\infty} \left(\sum_{n=0}^{\infty} x^{-2n} \right) x^{-s-1} (\log x)^{w-1} dx \\
&= \sum_{n=0}^{\infty} \frac{1}{\Gamma(w)} \int_1^{\infty} x^{-2n-s-1} (\log x)^{w-1} dx \\
&= \sum_{n=0}^{\infty} (2n+s)^{-w}.
\end{aligned}$$

(3) $\begin{aligned}[t]
Z_{f_{\mathbb{R}}}(w, s) &= 2^{-w} \sum_{n=0}^{\infty} \left(n + \frac{s}{2} \right)^{-w} \\
&= 2^{-w} \zeta\left(w, \frac{s}{2} \right)
\end{aligned}$

となる．ただし，

$$\zeta(w, x) = \sum_{n=0}^{\infty} (n+x)^{-w}$$

は標準的なフルビッツゼータ関数である．したがって，

$$\frac{\partial}{\partial w} Z_{f_{\mathbb{R}}}(w, s)\Big|_{w=0} = -(\log 2)\zeta\Big(0, \frac{s}{2}\Big) + \frac{\partial}{\partial w} \zeta\Big(w, \frac{s}{2}\Big)\Big|_{w=0}$$

$$= -(\log 2)\Big(\frac{1}{2} - \frac{s}{2}\Big) + \log \frac{\Gamma(\frac{s}{2})}{\sqrt{2\pi}}$$

より

$$\zeta_{\mathbb{R}}(s) = \exp\Big(\frac{\partial}{\partial w} Z_{f_{\mathbb{R}}}(w, s)\Big|_{w=0}\Big)$$

$$= 2^{\frac{s-1}{2}} \frac{\Gamma(\frac{s}{2})}{\sqrt{2\pi}}$$

となる． 解答終

12.2 基本関係式

基本関係式とは

$$\zeta_{\mathbb{C}}(s) = \zeta_{\mathbb{R}}(s)\zeta_{\mathbb{R}}(s+1)$$

のことである．これは，ゼータ関数のガンマ因子の表示に使われる記号

$$\Gamma_{\mathbb{C}}(s) = 2(2\pi)^{-s}\Gamma(s)$$

および

$$\Gamma_{\mathbb{R}}(s) = \pi^{-\frac{s}{2}}\Gamma\Big(\frac{s}{2}\Big)$$

に対する基本関係式

$$\Gamma_{\mathbb{C}}(s) = \Gamma_{\mathbb{R}}(s)\Gamma_{\mathbb{R}}(s+1)$$

と同値であるし，ガンマ関数の「2倍角の公式」

$$\Gamma(2x) = 2^{2x-1} \pi^{-\frac{1}{2}} \Gamma(x) \Gamma\left(x + \frac{1}{2}\right)$$

とも同値である．確かめてみよう．2倍角の公式の別証を考えることにもなっている．

練習問題 3　基本関係式
$$\zeta_{\mathbb{C}}(s) = \zeta_{\mathbb{R}}(s)\,\zeta_{\mathbb{R}}(s+1)$$
を示せ．

二つの解答を与える．

解答 1

$$\zeta_{\mathbb{R}}(s) = \left(\prod_{n=0}^{\infty}(2n+s)\right)^{-1},$$

$$\zeta_{\mathbb{R}}(s+1) = \left(\prod_{n=0}^{\infty}(2n+1+s)\right)^{-1},$$

$$\zeta_{\mathbb{C}}(s) = \left(\prod_{n=0}^{\infty}(n+s)\right)^{-1}$$

であるから

$$\left(\prod_{n=0}^{\infty}(2n+s)\right)\cdot\left(\prod_{n=0}^{\infty}(2n+1+s)\right) = \prod_{n=0}^{\infty}(n+s)$$

を示せば良い．これは

$$\left(\prod_{\substack{m\geq 0 \\ m:\text{偶数}}}(m+s)\right)\cdot\left(\prod_{\substack{m\geq 1 \\ m:\text{奇数}}}(m+s)\right) = \prod_{m=0}^{\infty}(m+s)$$

と同じことである．これらは，ゼータ関数に戻って考えれば，

$$\prod_{\substack{m \geq 0 \\ m:\text{偶数}}} (m+s) = \exp\left(-\frac{\partial}{\partial w}\varphi_1(w,s)\Big|_{w=0}\right),$$

$$\prod_{\substack{m \geq 1 \\ m:\text{奇数}}} (m+s) = \exp\left(-\frac{\partial}{\partial w}\varphi_2(w,s)\Big|_{w=0}\right),$$

$$\prod_{m=0}^{\infty} (m+s) = \exp\left(-\frac{\partial}{\partial w}\varphi_3(w,s)\Big|_{w=0}\right)$$

のことである．ただし，

$$\varphi_1(w,s) = \sum_{\substack{m \geq 0 \\ m:\text{偶数}}} (m+s)^{-w},$$

$$\varphi_2(w,s) = \sum_{\substack{m \geq 1 \\ m:\text{奇数}}} (m+s)^{-w},$$

$$\varphi_3(w,s) = \sum_{m=0}^{\infty} (m+s)^{-w}$$

である．ここで，

$$\varphi_1(w,s) + \varphi_2(w,s) = \varphi_3(w,s)$$

は明らかであり（{ 偶数 } ∪ { 奇数 } = { 整数 }），したがって

$$\frac{\partial}{\partial w}\varphi_1(w,s)\Big|_{w=0} + \frac{\partial}{\partial w}\varphi_2(w,s)\Big|_{w=0} = \frac{\partial}{\partial w}\varphi_3(w,s)\Big|_{w=0}$$

が成立する．よって

$$\left(\prod_{\substack{m \geq 0 \\ m:\text{偶数}}} (m+s)\right) \cdot \left(\prod_{\substack{m \geq 1 \\ m:\text{奇数}}} (m+s)\right) = \prod_{m=0}^{\infty} (m+s)$$

が成立する． (解答1終)

(解答2)

$$f_{\mathbb{R}}(x)(1+x^{-1}) = f_{\mathbb{C}}(x)$$

つまり，

$$\frac{1+x^{-1}}{1-x^{-2}} = \frac{1}{1-x^{-1}}$$

を用いて示す．この等式より

$$Z_{f_\mathbb{R}}(w,s) + Z_{f_\mathbb{R}}(w,s+1)$$

$$= \frac{1}{\Gamma(w)} \int_1^\infty f_\mathbb{R}(x) x^{-s-1} (\log x)^{w-1} dx$$

$$\quad + \frac{1}{\Gamma(w)} \int_1^\infty f_\mathbb{R}(x) x^{-1} \cdot x^{-s-1} (\log x)^{w-1} dx$$

$$= \frac{1}{\Gamma(w)} \int_1^\infty f_\mathbb{C}(x) x^{-s-1} (\log x)^{w-1} dx$$

$$= Z_{f_\mathbb{C}}(w,s)$$

がわかる．したがって

$$\zeta_\mathbb{R}(s) \zeta_\mathbb{R}(s+1) = \exp\left(\frac{\partial}{\partial w} (Z_{f_\mathbb{R}}(w,s) + Z_{f_\mathbb{R}}(w,s+1)) \Big|_{w=0} \right)$$

$$= \exp\left(\frac{\partial}{\partial w} Z_{f_\mathbb{C}}(w,s) \Big|_{w=0} \right)$$

$$= \zeta_\mathbb{C}(s).$$

〔解答2終〕

練習問題4　次は同値であることを示せ．

(1) $\zeta_\mathbb{C}(s) = \zeta_\mathbb{R}(s) \zeta_\mathbb{R}(s+1)$.

(2) $\Gamma_\mathbb{C}(s) = \Gamma_\mathbb{R}(s) \Gamma_\mathbb{R}(s+1)$.

(3) 〔ガンマ関数の2倍角の公式〕

$$\Gamma(2x) = 2^{2x-1} \pi^{-\frac{1}{2}} \Gamma(x) \Gamma\left(x+\frac{1}{2}\right).$$

解答

$(1) \Leftrightarrow (2)$:

$$\Gamma_\mathbb{R}(s) = \zeta_\mathbb{R}(s) 2^{1-\frac{s}{2}} \pi^{\frac{1-s}{2}}$$

と

$$\Gamma_{\mathrm{R}}(s+1) = \zeta_{\mathrm{R}}(s+1) 2^{\frac{1-s}{2}} \pi^{-\frac{s}{2}}$$

から

$$\Gamma_{\mathrm{R}}(s)\,\Gamma_{\mathrm{R}}(s+1) = \zeta_{\mathrm{R}}(s)\,\zeta_{\mathrm{R}}(s+1)\,2^{\frac{3}{2}-s}\pi^{\frac{1}{2}-s}$$

が成立するので,

$$\Gamma_{\mathrm{C}}(s) = \zeta_{\mathrm{C}}(s) 2^{\frac{3}{2}-s}\pi^{\frac{1}{2}-s}$$

を用いて,

$$\begin{aligned}
\frac{\Gamma_{\mathrm{R}}(s)\,\Gamma_{\mathrm{R}}(s+1)}{\Gamma_{\mathrm{C}}(s)} &= \frac{\zeta_{\mathrm{R}}(s)\,\zeta_{\mathrm{R}}(s+1) 2^{\frac{3}{2}-s}\pi^{\frac{1}{2}-s}}{\zeta_{\mathrm{C}}(s) 2^{\frac{3}{2}-s}\pi^{\frac{1}{2}-s}} \\
&= \frac{\zeta_{\mathrm{R}}(s)\,\zeta_{\mathrm{R}}(s+1)}{\zeta_{\mathrm{C}}(s)}
\end{aligned}$$

を得る.

よって, $(1) \Leftrightarrow (2)$ が成立する.

$(1) \Leftrightarrow (3)$:

$$\zeta_{\mathrm{C}}(s) = \frac{\Gamma(s)}{\sqrt{2\pi}},$$

$$\zeta_{\mathrm{R}}(s) = \frac{\Gamma(\frac{s}{2})}{\sqrt{2\pi}} 2^{\frac{s-1}{2}},$$

$$\zeta_{\mathrm{R}}(s+1) = \frac{\Gamma(\frac{s+1}{2})}{\sqrt{2\pi}} 2^{\frac{s}{2}}$$

であるから

$$\boxed{\frac{\zeta_{\mathrm{R}}(s)\,\zeta_{\mathrm{R}}(s+1)}{\zeta_{\mathrm{C}}(s)} = \frac{\Gamma(\frac{s}{2})\Gamma(\frac{s+1}{2}) 2^{s-1}\pi^{-\frac{1}{2}}}{\Gamma(s)}}$$

となる. したがって,

$$(1) \iff \Gamma(s) = \Gamma\!\left(\frac{s}{2}\right)\Gamma\!\left(\frac{s}{2}+\frac{1}{2}\right) 2^{s-1}\pi^{-\frac{1}{2}}$$

$$\underset{s=2x}{\iff} \Gamma(2x) = \Gamma(x)\Gamma\!\left(x+\frac{1}{2}\right) 2^{2x-1}\pi^{-\frac{1}{2}}$$

$$\iff \text{ガンマ関数の 2 倍角の公式.}$$

よって $(1) \Leftrightarrow (3)$ が成立する. 　　　　　　　　(解答終)

[**注意**] 練習問題 3 によって (1) の証明は済んでいるので，(2) および (3) の証明も済んだことになる．とくに，ガンマ関数の 2 倍角の公式が特別の工夫なく，スッキリと証明できた．つまり，(1) の証明 (第 2) で使われた

$$\frac{1+x^{-1}}{1-x^{-2}}=\frac{1}{1-x^{-1}}$$

という簡明な等式が基本関係式の理由であった．

12.3　$G_K(s)$ の表示

行列式

$$G_K(s)=\det\Big((sI-\mathcal{R})\Big|\underset{n>1}{\oplus}K_n(A)_{\mathbb{C}}\Big)$$

の表示を示そう．

練習問題 5　次を示せ．
$$G_K(s)^{-1}=\zeta_{\mathbb{R}}(s+2)^{r_1}\zeta_{\mathbb{C}}(s+1)^{r_2}.$$

解答　前に示した表示

$$G_K(s)^{-1}=\left(2^{\frac{s}{2}}\frac{\Gamma(\frac{s+2}{2})}{\sqrt{\pi}}\right)^{r_1+r_2}\left(2^{\frac{s}{2}}\frac{\Gamma(\frac{s+1}{2})}{\sqrt{2\pi}}\right)^{r_2}$$

を用いる．これをよく（じっと）見ると，

$$G_K(s)^{-1}=\zeta_{\mathbb{R}}(s+2)^{r_1+r_2}\zeta_{\mathbb{R}}(s+1)^{r_2}$$

であることがわかる．したがって，

$$G_K(s)^{-1}=\zeta_{\mathbb{R}}(s+2)^{r_1}(\zeta_{\mathbb{R}}(s+1)\zeta_{\mathbb{R}}(s+2))^{r_2}$$

となるので，基本関係式

$$\zeta_{\mathbb{C}}(s)=\zeta_{\mathbb{R}}(s)\zeta_{\mathbb{R}}(s+1)$$

を用いて

$$G_K(s)^{-1} = \zeta_{\mathbb{R}}(s+2)^{r_1} \zeta_{\mathbb{C}}(s+1)^{r_2}$$

となる．なお，$x>1$ に対する等式

$$\sum_{n>1} \operatorname{rank} K_n(A) x^{-\frac{n-1}{2}} = \frac{r_1}{x^2-1} + \frac{r_2}{x-1}$$

からゼータ関数に直すこともできる． （解答終）

12.4 超越性

$G_K(s)$ の超越性を絶対ゼータ関数から考えよう．具体例からはじめる．

練習問題6 次を示せ．

(1) $G_K(0) = \det(-\mathcal{R})$ は超越数である．

(2) $G_K(1) = \det(I-\mathcal{R})$ が超越数 $\iff r_2 \geqq 1$.

(3) $G_K(0)G_K(1) = \det(-\mathcal{R})\det(I-\mathcal{R})$ は
超越数である．

解答

(1) $G_K(0) = \zeta_{\mathbb{R}}(2)^{-r_1} \zeta_{\mathbb{C}}(1)^{-r_2}$

において $\zeta_{\mathbb{R}}(2) = \pi^{-\frac{1}{2}}$, $\zeta_{\mathbb{C}}(1) = 2^{-\frac{1}{2}}\pi^{-\frac{1}{2}}$ より

$$G_K(0) = 2^{\frac{r_2}{2}} \pi^{\frac{r_1+r_2}{2}}$$

であり，$r_1+r_2 \geqq 1$ であることと，π は超越数であることから $G_K(0)$ は超越数である．

(2) $G_K(1) = \zeta_{\mathbb{R}}(3)^{-r_1} \zeta_{\mathbb{C}}(2)^{-r_2}$

において

$$\zeta_{\mathbb{R}}(3) = 2\frac{\Gamma(\frac{3}{2})}{\sqrt{2\pi}} = 2\frac{\frac{1}{2}\Gamma(\frac{1}{2})}{\sqrt{2\pi}} = 2^{-\frac{1}{2}},$$

$$\zeta_{\mathbb{C}}(2) = \frac{\Gamma(2)}{\sqrt{2\pi}} = 2^{-\frac{1}{2}}\pi^{-\frac{1}{2}}$$

より

$$G_K(1) = 2^{\frac{r_1+r_2}{2}}\pi^{\frac{r_2}{2}}$$

となる．したがって，

$$G_K(1)\ \text{が超越数} \iff r_2 \geqq 1.$$

たとえば，$K = \mathbb{Q}$ のときは $r_1 = 1$, $r_2 = 0$ であり

$$G_{\mathbb{Q}}(1) = \sqrt{2}\ \text{は代数的数である．}$$

(3) $G_K(0)G_K(1) = 2^{\frac{r_1+2r_2}{2}}\pi^{\frac{r_1+2r_2}{2}} = (\sqrt{2\pi})^{[K:\mathbb{Q}]}$

である（$[K:\mathbb{Q}] = r_1 + 2r_2$）．したがって，

$G_K(0)G_K(1)$ は超越数である． 　　　　(解答終)

これを少し一般化してみよう．

練習問題 7　　整数 $n \geqq 0$ に対し次を示せ．

(1) n が偶数のとき $G_K(n)$ は超越数．

(2) n が奇数のとき，$G_K(n)$ が超越数

$$\iff r_2 \geqq 1.$$

解答

(1) n を偶数とする．このとき，

$$G_K(n) = \zeta_{\mathbb{R}}(n+2)^{-r_1}\zeta_{\mathbb{C}}(n+1)^{-r_2}$$

において，

$$\zeta_{\mathbb{R}}(n+2) = \frac{\Gamma(\frac{n+2}{2})}{\sqrt{2\pi}} 2^{\frac{n+1}{2}} \in \bar{\mathbb{Q}}^{\times} \cdot \frac{1}{\sqrt{\pi}},$$

$$\zeta_{\mathbb{C}}(n+1) = \frac{\Gamma(n+1)}{\sqrt{2\pi}} \in \bar{\mathbb{Q}}^{\times} \cdot \frac{1}{\sqrt{\pi}}$$

となる．ただし，$\bar{\mathbb{Q}}$ は代数的数全体の体であり，$\bar{\mathbb{Q}}^{\times} = \bar{\mathbb{Q}} - \{0\}$ はその乗法群である．$n \geq 0$ が偶数なので $\Gamma\left(\frac{n+2}{2}\right)$ と $\Gamma(n+1)$ がともに整数となっていることから超越性がわかる．したがって，

$$G_K(n) \in \bar{\mathbb{Q}}^{\times} \cdot \pi^{\frac{r_1+r_2}{2}}$$

となる．よって，$G_K(n)$ は超越数である．

(2) $n \geq 1$ を奇数とする．このとき

$$G_K(n) = \zeta_{\mathbb{R}}(n+2)^{-r_1} \zeta_{\mathbb{C}}(n+1)^{-r_2}$$

において

$$\zeta_{\mathbb{R}}(n+2) = \frac{\Gamma(\frac{n+2}{2})}{\sqrt{2\pi}} 2^{\frac{n+1}{2}} \in \bar{\mathbb{Q}}^{\times},$$

$$\zeta_{\mathbb{C}}(n+1) = \frac{\Gamma(n+1)}{\sqrt{2\pi}} \in \bar{\mathbb{Q}}^{\times} \cdot \frac{1}{\sqrt{\pi}}$$

となる．ただし，偶数の場合と異なり，$\frac{n+2}{2} = \frac{n+1}{2} + \frac{1}{2}$ は（整数）$+ \frac{1}{2}$ となっている点に注意する．したがって，

$$G_K(n) \in \bar{\mathbb{Q}}^{\times} \cdot \pi^{\frac{r_2}{2}}.$$

よって，「$G_K(n)$ が超越性 $\Longleftrightarrow r_2 \geq 1$」が成立する．

（解答終）

例）　$G_{\mathbb{Q}}(n)$ が超越数 $\Longleftrightarrow n$：偶数.

上記の議論は次の (a)(b)(c) に帰着されることに注意して

おこう.

(a) 奇数 $n \geqq 1$ に対して $\zeta_{\mathbb{R}}(n) \in \bar{\mathbb{Q}}^{\times}$.

(b) 偶数 $n \geqq 2$ に対して $\zeta_{\mathbb{R}}(n) \in \bar{\mathbb{Q}}^{\times} \cdot \dfrac{1}{\sqrt{\pi}}$.

(c) 整数 $n \geqq 1$ に対して $\zeta_{\mathbb{C}}(n) \in \bar{\mathbb{Q}}^{\times} \cdot \dfrac{1}{\sqrt{\pi}}$.

　次に, $G_K(s)$ の超越性を正の有理数 $s \in \mathbb{Q}_{>0}$ に対して考えよう. これは極端に難しくなる. このときは「π の超越性」だけでは処理しきれないのである (第 11 章, 11.5 参照).

練習問題 8　　整数 $n \geqq 0$ に対して (1)(2)(3) を示せ.

(1) n が偶数なら
$$G_K\left(\frac{1}{2}+n\right) \in \bar{\mathbb{Q}}^{\times} \cdot \left(\frac{\sqrt{\pi}}{\Gamma(\frac{1}{4})}\right)^{r_1}.$$

(2) n が奇数なら
$$G_K\left(\frac{1}{2}+n\right) \in \bar{\mathbb{Q}}^{\times} \cdot \left(\frac{\Gamma(\frac{1}{4})}{\sqrt{\pi}}\right)^{r_1}.$$

(3)「π と $\Gamma\left(\frac{1}{4}\right)$ は代数的独立」というチュドノフスキーの定理を用いると $G_K\left(\frac{1}{2}+n\right)$ が超越数となることと K が非総虚であること (つまり, $r_1 \geqq 1$ のとき) とは同値である.

解答　　$G_K(s)$ の " 周期性 "
$$G_K(s+2) = G_K(s)(s+1)^{-r_1}(s+2)^{-r_1-r_2}$$
を用いれば, (1)(2)(3) とも $n = 0, 1$ のみを示せば充分となる.

(1) $G_K\left(\dfrac{1}{2}+n\right) = \zeta_{\mathbb{R}}\left(\dfrac{1}{2}+n+2\right)^{-r_1} \zeta_{\mathbb{C}}\left(\dfrac{1}{2}+n+1\right)^{-r_2}$

　　において

$$\zeta_{\mathbb{R}}\Big(\frac{1}{2}+n+2\Big)^{-1} = \frac{\sqrt{2\pi}}{\Gamma(\frac{1}{4}+\frac{n}{2}+1)}\,2^{-\frac{2n+3}{4}},$$

$$\zeta_{\mathbb{C}}\Big(\frac{1}{2}+n+1\Big)^{-1} = \frac{\sqrt{2\pi}}{\Gamma(\frac{1}{2}+n+1)} \in \overline{\mathbb{Q}}^{\times}$$

である．ここで，$n=0$ のときは

$$\zeta_{\mathbb{R}}\Big(\frac{1}{2}+2\Big)^{-1} = \frac{\sqrt{2\pi}}{\Gamma(\frac{1}{4}+1)}\cdot 2^{-\frac{3}{4}}$$

$$= 2^{\frac{7}{4}}\cdot \frac{\sqrt{\pi}}{\Gamma(\frac{1}{4})} \in \overline{\mathbb{Q}}^{\times}\cdot\left(\frac{\sqrt{\pi}}{\Gamma(\frac{1}{4})}\right)$$

となるので（偶数 n に対して）

$$G_K\Big(\frac{1}{2}+n\Big) \in \overline{\mathbb{Q}}^{\times}\cdot\left(\frac{\sqrt{\pi}}{\Gamma(\frac{1}{4})}\right)^{r_1}.$$

(2) $n=1$ のときは

$$\zeta_{\mathbb{R}}\Big(\frac{1}{2}+1+2\Big)^{-1} = \frac{\sqrt{2\pi}}{\Gamma(\frac{1}{4}+2+1)}\,2^{-\frac{5}{4}}$$

$$= 3^{-1}\cdot 2^{\frac{3}{4}}\,\frac{\Gamma(\frac{1}{4})}{\sqrt{\pi}}$$

となるので（奇数 n に対して）

$$G_K\Big(\frac{1}{2}+n\Big) \in \overline{\mathbb{Q}}^{\times}\cdot\left(\frac{\Gamma(\frac{1}{4})}{\sqrt{\pi}}\right)^{r_1}.$$

(3) チュドノフスキーの定理から

$$\frac{\sqrt{\pi}}{\Gamma(\frac{1}{4})} \quad \text{および} \quad \frac{\Gamma(\frac{1}{4})}{\sqrt{\pi}}$$

はどちらも超越数であることが従うので $G_K\Big(\dfrac{1}{2}+n\Big)$ の超越性は $r_1 \geqq 1$ かどうかで判別できる．$r_1 \geqq 1$ のときは超越数であり，$r_1 = 0$ のときは代数的数である．たとえば，$G_{\mathbb{Q}}\Big(\dfrac{1}{2}+n\Big)$ は，$r_1 = 1$, $r_2 = 0$ のときであり，超越

数となる.　(解答終)

$G_K\left(\dfrac{1}{3}+n\right)$ について考えると,

$$G_K\left(\dfrac{1}{3}+n\right)=\zeta_{\mathbb{R}}\left(\dfrac{1}{3}+n+2\right)^{-r_1}\zeta_{\mathbb{C}}\left(\dfrac{1}{3}+n+1\right)^{-r_2},$$

$$\zeta_{\mathbb{R}}\left(\dfrac{1}{3}+n+2\right)^{-1}=\dfrac{\sqrt{2\pi}}{\Gamma(\frac{1}{6}+\frac{n}{2}+1)}2^{-\frac{2}{3}-\frac{n}{2}},$$

$$\zeta_{\mathbb{C}}\left(\dfrac{1}{3}+n+1\right)^{-1}=\dfrac{\sqrt{2\pi}}{\Gamma(\frac{1}{3}+n+1)}$$

となる. チュドノフスキーの定理「π と $\Gamma\left(\dfrac{1}{3}\right)$ は代数的独立」を用いると, $\zeta_{\mathbb{C}}\left(\dfrac{1}{3}+n+1\right)$ は超越数とわかる. [ただし, $\zeta_{\mathbb{R}}\left(\dfrac{1}{3}+n+2\right)$ については不明である.] よって, $r_1=0$ の場合(つまり, 総虚な K の場合)には $G_K\left(\dfrac{1}{3}+n\right)$ ($n=0,1,2,\cdots$) は超越数であることがわかる.

　$G_K(s)$ の正の有理数 s における超越性に関しては未解明の領域が大部分である. 言い換えれば, 絶対ゼータ関数 $\zeta_{\mathbb{R}}(s)$ および $\zeta_{\mathbb{C}}(s)$ の有理数 s に対する超越性の研究はあまり進んでいない.

　このことも, 絶対ゼータ関数論の一環として $\zeta_{\mathbb{R}}(s)$ および $\zeta_{\mathbb{C}}(s)$ の特殊値の探求と捉えることにより, 必要性と重要性を認識することを願いたい.

　本書では, 超リーマン予想を含めて, リーマンの残したリーマン予想の諸相を見てきたのであるが, いずれにせよ, 我々は待望のリーマン作用素の構築を完了したので, すべては, ここからはじまる.

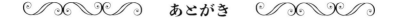 **あとがき**

　「はじめに」に書いた通り本書は月刊誌『現代数学』の連載12回分を纏めたものである.

　実は,纏める時期にはひと波乱あったので,そのことに触れよう.

　それは,2023年4月23日日曜日に私が脳梗塞を発症して,自治医科大学病院(栃木県下野市)に緊急入院という事態に陥ったことである.そのときには,既に下野市の自宅に本書の校正刷りが届いていたのである.幸い,脳梗塞は比較的軽症で済んで,必死のリハビリにより左手足の麻痺は解消して日常の研究活動に復帰できた.一つだけエピソードを話して置こう.それは,緊急入院となった病室の番号が1783号室となったことである(ちなみに,1783は素数である:[証明] 1783の平方根は,43より小なので,1783が43までの素数で割り切れないことを確認すれば良い.これは病室での退屈しのぎに最適であり容易に終る[証明終り]).

　本書を熟読されて来られた読者にはピンと来た方も多いかも知れない.1783とは,ゼータ関数の偉大なる創始者であるオイラー大先生の没年1783年と同じなのである.「オイラーさんのお導き」かと臨時の「ゼータ研究所」にて興奮して過ごした日日を思い出す.

　いずれにしても,読者の方々の健康を祈りたい.

　　　2023年6月12日　第六リーマン予想日に

　　　　　　　　　　　　　　　　　　　黒川信重

索 引

著者紹介：

黒川信重（くろかわ・のぶしげ）

1952 年 3 月 16 日生まれ

1975 年　東京工業大学理学部数学科卒業

　　　　東京工業大学名誉教授，ゼータ研究所研究員

　　　　理学博士．専門は数論，ゼータ関数論，絶対数学

主な著書（単著）

『リーマン予想の 150 年』岩波書店，2009 年

『リーマン予想の探求　ABC から Z まで』技術評論社，2012 年

『リーマン予想の先へ　深リーマン予想——DRH』東京図書，2013 年

『現代三角関数論』岩波書店，2013 年

『リーマン予想を解こう 新ゼータと因数分解からのアプローチ』 技術評論社，2014 年

『ゼータの冒険と進化』現代数学社，2014 年

『ガロア理論と表現論　ゼータ関数への出発』日本評論社，2014 年

『大数学者の数学・ラマヌジャン／ζ の衝撃』現代数学社，2015 年

『絶対ゼータ関数論』岩波書店，2016 年

『絶対数学原論』現代数学社，2016 年

『リーマンと数論』共立出版，2016 年

『ラマヌジャン探検——天才数学者の奇蹟をめぐる』岩波書店，2017 年

『絶対数学の世界 ——リーマン予想・ラングランズ予想・佐藤予想』青土社，2017 年

『リーマンの夢』現代数学社，2017 年

『オイラーとリーマンのゼータ関数』日本評論社，2018 年

『オイラーのゼータ関数論』現代数学社，2018 年

『零点問題集』現代数学社，2019 年

『リーマン予想の今，そして解決への展望』技術評論社，2019 年

『零和への道　—ζ の十二箇月』現代数学社，2020 年

『ゼータ進化論　〜究極の行列式表示を求めて〜』現代数学社，2021 年

『オイラー積原理　素数全体の調和の秘密』現代数学社，2022 年

ほか多数．

超リーマン予想　——ゼータ関数の最終予想——

2023 年 8 月 21 日　　初版第 1 刷発行

著　者　　黒川 信重

発行者　　富田　淳

発行所　　株式会社　現代数学社
　　　　　〒 606−8425 京都市左京区鹿ヶ谷西寺ノ前町 1
　　　　　TEL 075 (751) 0727　FAX 075 (744) 0906
　　　　　https://www.gensu.co.jp/

装　幀　　中西真一（株式会社 CANVAS）

印刷・製本　　亜細亜印刷株式会社